當作裝飾或穿在娃娃身上都能愉快欣賞

U0036511

迷你娃娃洋裝與配件製作

擺設在房間裡當裝飾很可愛 !!
22cm 莉卡娃娃可以穿著的洋裝尺寸

當作裝飾或穿在娃娃身上都能愉快欣賞！

迷你娃娃洋裝與配件製作

作　者 / 株式会社ブティック社
翻　譯 / 李冠慧
發行人 / 陳偉祥
出　版 / 北星圖書事業股份有限公司
地　址 / 新北市永和區中正路 458 號 B1
電　話 / 886-2-29229000
傳　真 / 886-2-29229041
網　址 / www.nsbooks.com.tw
E-MAIL / nsbook@nsbooks.com.tw
劃撥帳戶 / 北星文化事業有限公司
劃撥帳號 / 50042987
製版印刷 / 皇甫彩藝印刷股份有限公司
出版日 / 2019 年 8 月
I S B N / 978-957-9559-13-3 (平裝)
定　價 / 380 元

Lady Boutique Series No.4519　Miniature Size no One piece to Komono - Kazattemo Doll ni Kisetemo Tanoshimeru !!

國家圖書館出版品預行編目 (CIP) 資料

迷你娃娃洋裝與配件製作：當作裝飾或穿在娃娃身上都能愉快欣賞 !! / 株式會社ブテイック社作 ; 李冠慧翻譯 . -- 新北市 : 北星圖書 , 2019.08
面 ;　公分
ISBN 978-957-9559-13-3 (平裝)

1. 洋娃娃　2. 手工藝
426.78　108007513

用具提供
clover（株）
http://www.clover.co.jp

縫紉線提供
（株）fujix
http://www.fjx.co.jp

攝影協力
AWABEES　☎03-5786-1600
UTUWA　☎03-6447-0070
osanpo ippo　http://osanpoippo.com

設計和製作
nikomaki*　http://nikomaki123.tumblr.com
金丸かほり　キムラマミ　西村明子
本橋よしえ　大和ちひろ

Staff
編輯／渡部惠理子 松井麻美
製作方法校閱／關口恭子
攝影／藤田律子
書籍設計／小池佳代
插圖／加山明子

◆莉卡娃娃官方網站
http://licca.takaratomy.co.jp

◆「LiccA」Stylish doll collection官方網站
http://licca.takaratomy.co.jp/stylishlicca/

◆莉卡娃娃官方Twitter&Instagram
@bonjour_licca
以莉卡娃娃為訪問話題目標，
和各式各樣的人交流，
是SNS上愉快的話題！！

目錄

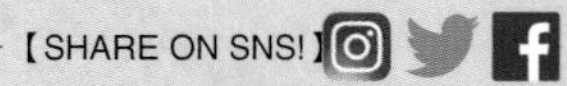

【SHARE ON SNS!】

如果製作了這本書刊登的作品，請自由地上傳到如Facebook、Instagram、Twitter等社群媒體。各位讀者可以製作看看、穿在身上、當做禮物等等快樂地手作，和大家一起分享吧！加上hashtag，和喜歡手作的用戶聯繫吧！
ブティック社官方臉書帳號 Facebook boutiquesha.official
請搜尋「ブティック社」。請按讚！。
ブティック社官方Instagram帳號 Instagram btq_official
hashtag # ブティック社 # 手作り #ミニチュアワンピース #ミニチュアこもの #ドール服 等
ブティック社官方推特帳號 Twitter Bountique_sha
有益的新刊情報隨時tweet。請愉快地follow！

序言

只是看著就能擴展夢想的
迷你洋裝和配件們。
騷動少女心、令人著迷的可愛設計。
擺設在房間裡當裝飾，
或穿在娃娃身上，
都能讓人心情愉悅。

Italia
Gerolamo Costa e figli

抓皺洋裝

製作方法 ❊ 35頁

設計・製作／金丸かほり（Kahori）

使用浪漫碎花圖案布料的抓皺洋裝，
胸前的扣子是重點。
少許的布料就可以完成，挑選你喜歡的布料製作，
裝飾一下房間讓人心情愉快。

1
2

框架／AWABEES

小盤子／UTUWA

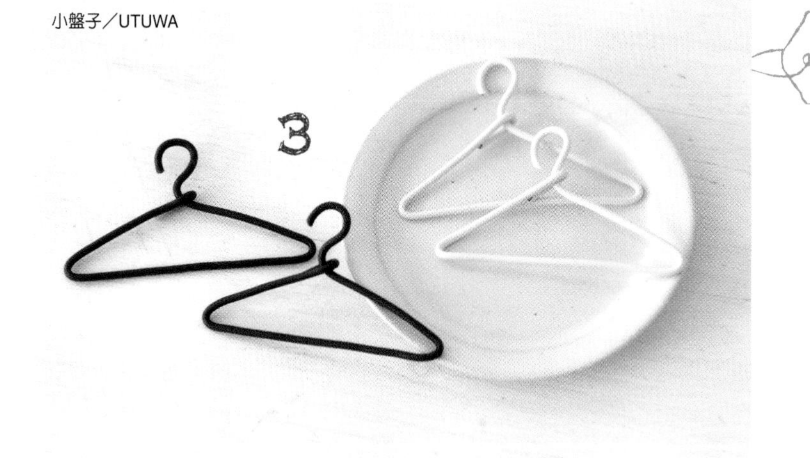
3

衣架

製作方法 ❊ 66頁

設計・製作／更科レイ子（Reiko）

使用柔和色的鐵絲作成衣架，
裝飾洋裝或提袋時的重寶，
一次做起來存放很便利。

模特兒：Licca Bijou Series
「Luminous Pink」／TAKARA TOMY
荷葉邊提袋／13頁 no.17
鞋子／編輯部私人物品

格子洋裝

穿著喜愛的洋裝
去上芭蕾舞課。

4

製作方法 35頁
設計・製作／金丸かほり（Kahori）

好可愛的紫色格子洋裝。
腰部拼接抓皺展現女孩兒的輪廓。
胸口前的重點更是加分。

荷葉邊手提包
背心洋裝

5 製作方法 ❊ 55頁

6 製作方法 ❊ 38頁

5設計・製作／更科レイ子（Reiko）

6設計・製作／キムラマミ（Kimura Yami）

可愛的手提包有著豐量的荷葉邊，
纖細的線條和優美的圓點圖案組合而成背心洋裝。
單一色調的搭配有著成熟感。

6
5

迷你小書・法式邊桌／AWABEES
涼鞋／Licca Bijou Series「Luminous Pink」／TAKARA TOMY

腰帶背心洋裝
購物紙袋

7 製作方法 ❊ 38頁

8·9 製作方法 ❊ 73頁

設計・製作／キムラマミ（Kimura Yami）

稍微復古設計的腰帶背心洋裝
是白色和綠色的對比搭配。
富有時髦感，
和購物紙袋好比展示櫥窗似地一起擺設。

7
8
9
France
Paris

人台／TAKARA TOMY

皮繩墜飾
蝴蝶袖洋裝

10 製作方法 ✻ 48頁
11 製作方法 ✻ 42頁

10設計・製作／更科レイ子（Reiko）
11設計・製作／キムラマミ（Kimura Yami）

時尚藍色亞麻布蝴蝶袖拼接
抓皺洋裝有著柔軟的外形。
配戴上加裝金色串珠的皮繩墜飾。

好喜歡在咖啡館裡
悠閒地消磨時間。

10 皮繩墜飾
11 洋裝

模特兒・提袋：LiccA Stylish doll collection
「Botanical Holiday Style」／TAKARA TOMY
迷你椅子・迷你茶具組／AWABEES
短靴／TAKARA TOMY

橫條洋裝

製作方法 ✻ 44頁

設計・製作／キムラマミ（Kimura Yami）

散發著休閒氣氛的蝴蝶袖橫條洋裝，
兩邊都有口袋的設計。
選用柔軟的針織布料製作，
完成乾淨的線條。

12

迷你人台・明信片／AWABEES
單肩包／19頁no.34
照相機・運動鞋：LiccA Stylish doll collection
「Botanical Holiday Style」／TAKARA TOMY

蝴蝶結髮箍
抓皺洋裝

好天氣的日子裡，
打扮得漂漂亮亮地散步吧。

模特兒：LiccA Stylish doll collection「Botanical Holiday Style」／TAKARA TOMY
繫帶靴子／osanpo ippo
提籃・迷你手帕・胸針／設計師私人物品

直條紋口袋在綠色圓點圖案裡顯得很醒目出色。

13 製作方法 ❊ 50頁
14 製作方法 ❊ 46頁

設計・製作／nikomaki*

大大的蝴蝶結髮箍和綠色圓點很搶眼，
口袋成為重點的拼接抓皺洋裝。
好像從故事中跳出來似地可愛的搭配。

13
14

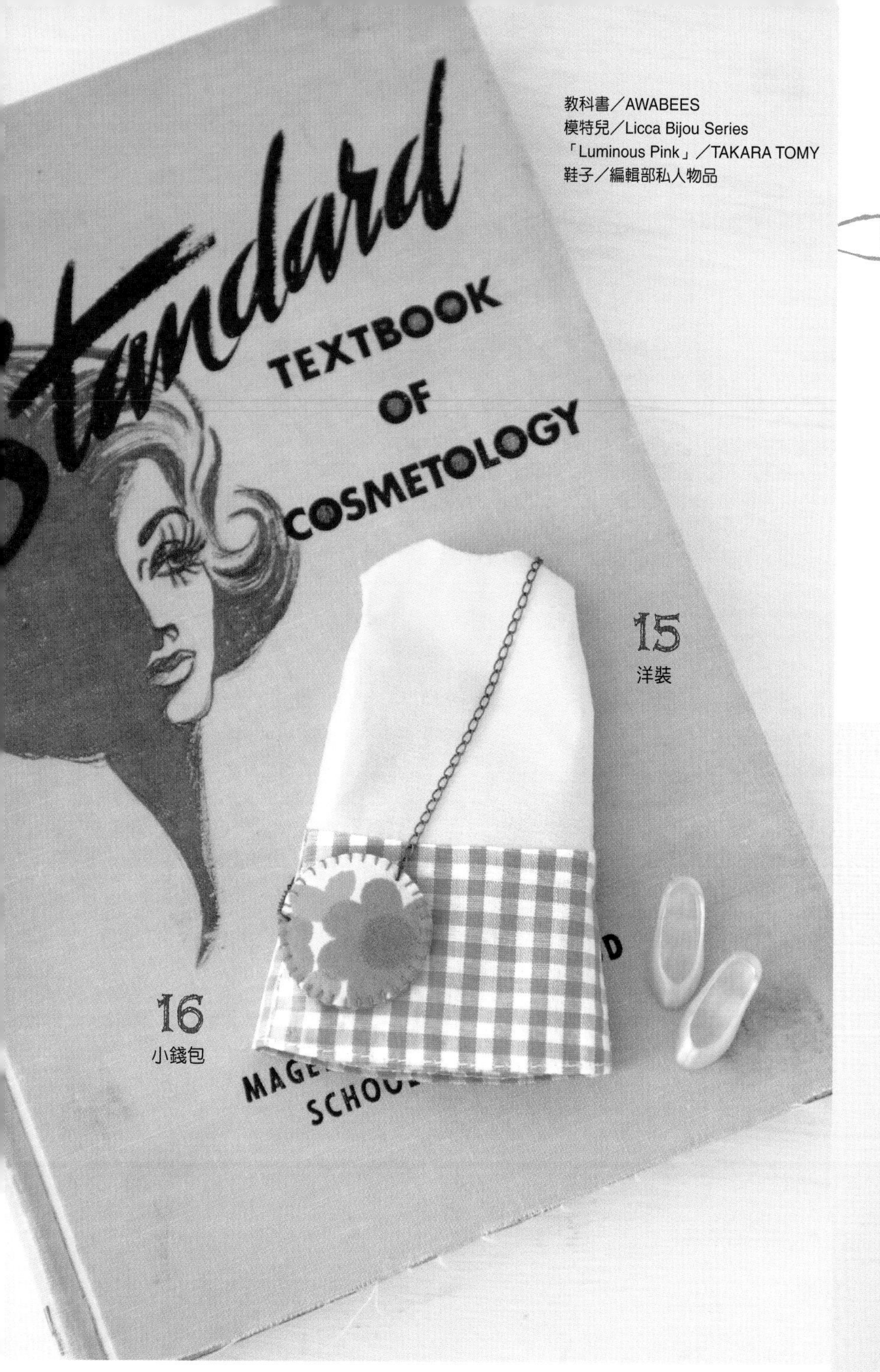
Standard
TEXTBOOK
OF
COSMETOLOGY
15
洋裝
16
小錢包

教科書／AWABEES
模特兒／Licca Bijou Series
「Luminous Pink」／TAKARA TOMY
鞋子／編輯部私人物品

拼接背心洋裝
小錢包

天藍色的輕爽感和
洋裝相稱
搭配圓形小錢包是
打扮亮眼的重點！

15 製作方法 ❋ 40頁
16 製作方法 ❋ 51頁

15設計・製作／キムラマミ（Kimura Yami）
16設計・製作／nikomaki*

淡藍色的格子圖案拼接背心洋裝，
搭配色彩豐富的圓形鍊條小錢包。
復古的氣氛讓人想起美妙的60年代。

荷葉邊提袋

製作方法 ❊ 52頁

設計・製作／nikomaki*

荷葉邊拼接提袋是
適合女孩兒手掌的尺寸。
挑選既可愛又流行的
材料來完成。
這種設計讓人想要做
很多各種不同的顏色。

17

18
19

迷你椅子・迷你書本／AWABEES

項鍊
抓皺洋裝
圍裙

20
項鍊
21
圍裙
22
洋裝

皮革涼鞋／osanpo ippo
蘋果・提籃・迷你小瓶／設計師私人物品

20 製作方法 ✽ 50頁
21 製作方法 ✽ 51頁
22 製作方法 ✽ 48頁

設計・製作／nikomaki*

黃色和藍色直條紋組合成俏麗的
抓皺拼接洋裝。
可愛的花朵圖案圍裙搭配串珠項鍊，
紅色緞帶成為重點。

和洋裝相同布料做成手提袋，
享受搭配同樣組合的樂趣吧！

荷葉邊提袋／13頁no.18

外形蓬鬆的洋裝加上花朵圖案的圍裙。
愉快地玩色搭配的出門了。

模特兒：Licca Bijou Series「Luminous Pink」
／TAKARA TOMY

CINEMA

心型墜飾項鍊 背心洋裝

在電影院等待和朋友們見面。
穿著鮮紅色洋裝假裝是
電影女明星…。

23
心型墜飾項鍊

24
背心洋裝

23 製作方法 ❀ 48頁
24 製作方法 ❀ 38頁

23設計・製作／更科レイ子（Reiko）
24設計・製作／キムラマミ（Kimura Yami）

初學者也能輕鬆製作的
背心型洋裝。
想要用喜歡的布料
製作很多件的簡單設計。
搭配加上心型墜飾項鍊。

模特兒：LiccA Stylish doll collection
「Olive Peplum Style」／TAKARA TOMY
手提包／17頁no.26
襪子・鞋子／編輯部私人物品

25~27 製作方法 ❋ 54頁

28 製作方法 ❋ 78頁

25～27設計・製作／西村明子

28設計・製作／大和ちひろ（Chihiro）

鏈條包
沙發
手提包

用蘇格蘭格紋和粗呢
製作而成鍊條單肩包，
有著圓滾滾的外形真可愛。
一起和大紅色的沙發裝飾，
成為室內設計的重點吧！

25
27
28
沙發
26

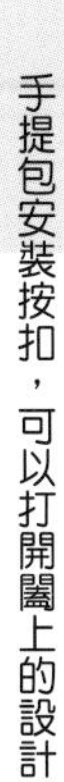

手提包安裝按扣，可以打開闔上的設計。

可以放物品
進去喔！

迷你尺寸的沙發是用保麗龍和鋪棉製作而成。

迷你掛衣架・迷你鏡框／AWABEES

平頂禮帽

製作方法 ❊ 63頁

設計・製作／金丸かほり（Kahori）

緞帶和迷你尺寸的扣環、
鈕扣妝點的平頂禮帽。
選擇不同的布料和裝飾，
氣氛也會突然改變。
加上胸針和掛件搭配一下也很可愛。

29
30
31

迷你櫃・迷你椅子／AWABEES

單肩包

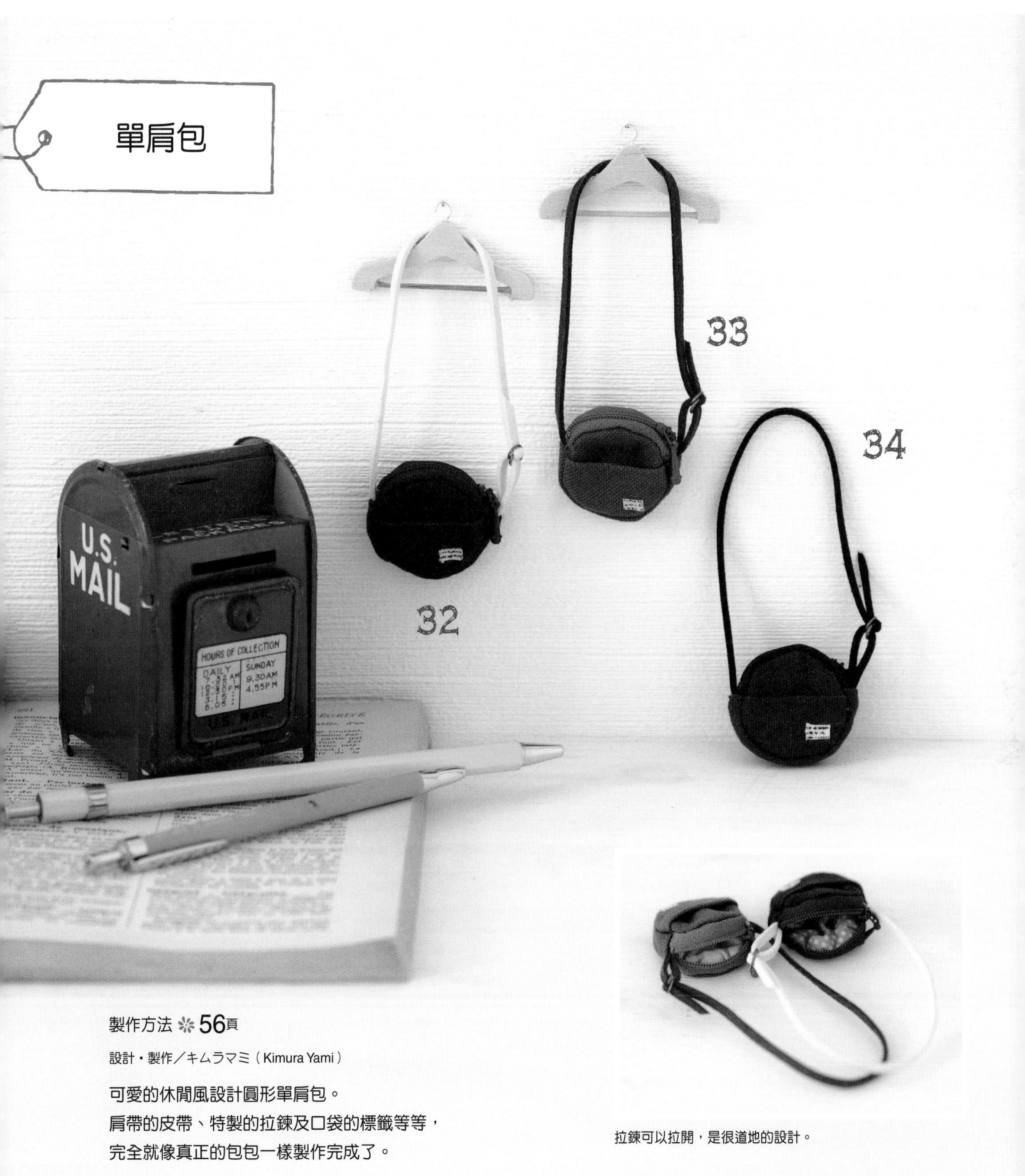

33
34
32
U.S. MAIL
HOURS OF COLLECTION
DAILY
SUNDAY
9.30AM
4.55PM

拉鍊可以拉開，是很道地的設計。

製作方法 ❊ 56頁

設計・製作／キムラマミ（Kimura Yami）

可愛的休閒風設計圓形單肩包。
肩帶的皮帶、特製的拉鍊及口袋的標籤等等，
完全就像真正的包包一樣製作完成了。

迷你郵箱／AWABEES

吊帶露背洋裝
行李箱

穿著花朵圖案的洋裝
和行李箱出去渡假。
35
36

35 製作方法 ❊ 61頁
36 製作方法 ❊ 64頁

設計・製作／本橋よしえ（Yoshie）

鮮明生動的花朵圖案吊帶露背洋裝和
行李箱組合真可愛。
寬鬆展開的洋裝襯托女孩兒的俏麗。

一起擺設
裝飾吧！

模特兒：LiccA Stylish doll collection「Olive Peplum Style」／TAKARA TOMY
鞋子／編輯部私人物品
盤子／UTUWA

製作方法 ❋ 64頁

設計・製作／本橋よしえ（Yoshie）

行李箱

使用色彩豐富的布料，
口袋和皮帶等都完成了
很有魅力的趣味行李箱。
用牛奶盒當做基底，
以法式紙盒的手法來製作。

37
38
39

杯子和碟子／UTUWA
迷你茶具組／AWABEES

把手掛上喜愛的小飾品。

打開行李箱，裏面安裝著內袋。

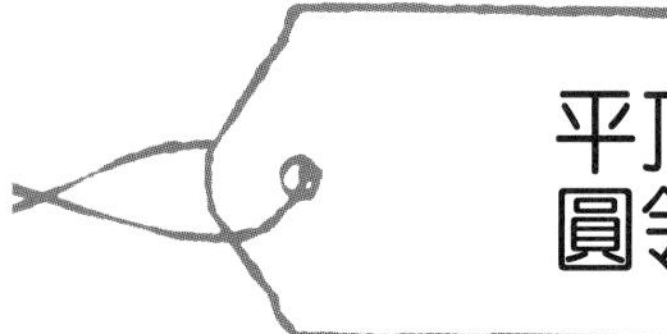

平頂禮帽 圓領洋裝

40 製作方法 ✻ 63頁
41 製作方法 ✻ 67頁

設計・製作／金丸かほり（Kahori）

粉紅色蝴蝶結為重點的亞麻平頂禮帽和
清爽的粉紅色直條紋圓領洋裝。
白色的領子和袖口提點了整體的緊湊感。

40
41
Anne of Green

書／AWABEES
衣架／4頁no.3
迷你衣櫥／編輯部私人物品

風和日麗的日子裡和
全家一起野餐。
似乎是美好的休假日。

模特兒：Licca Bijou Series
「Shiny Time」／TAKARA TOMY
鞋子／編輯部私人物品

頭飾
泡泡袖洋裝
圍裙

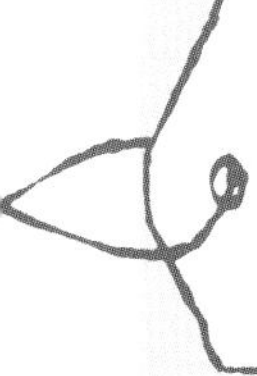

42
頭飾
43
圍裙
44
洋裝

42·43 製作方法 ❊ **72**頁

44 製作方法 ❊ **70**頁

設計・製作／大和ちひろ（Chihiro）

粉紅色直條紋搭配淺綠色圓點圖案的
布料是浪漫的組合。
重疊穿搭的設計真討人喜歡。

盤子／UTUWA

模特兒：Licca Bijou Series
「Luminous Pink」／TAKARA TOMY
襪子・靴子／編輯部私人物品

週末去花店幫忙，
被漂亮的花兒們圍繞著，
時間不知不覺地流逝了。

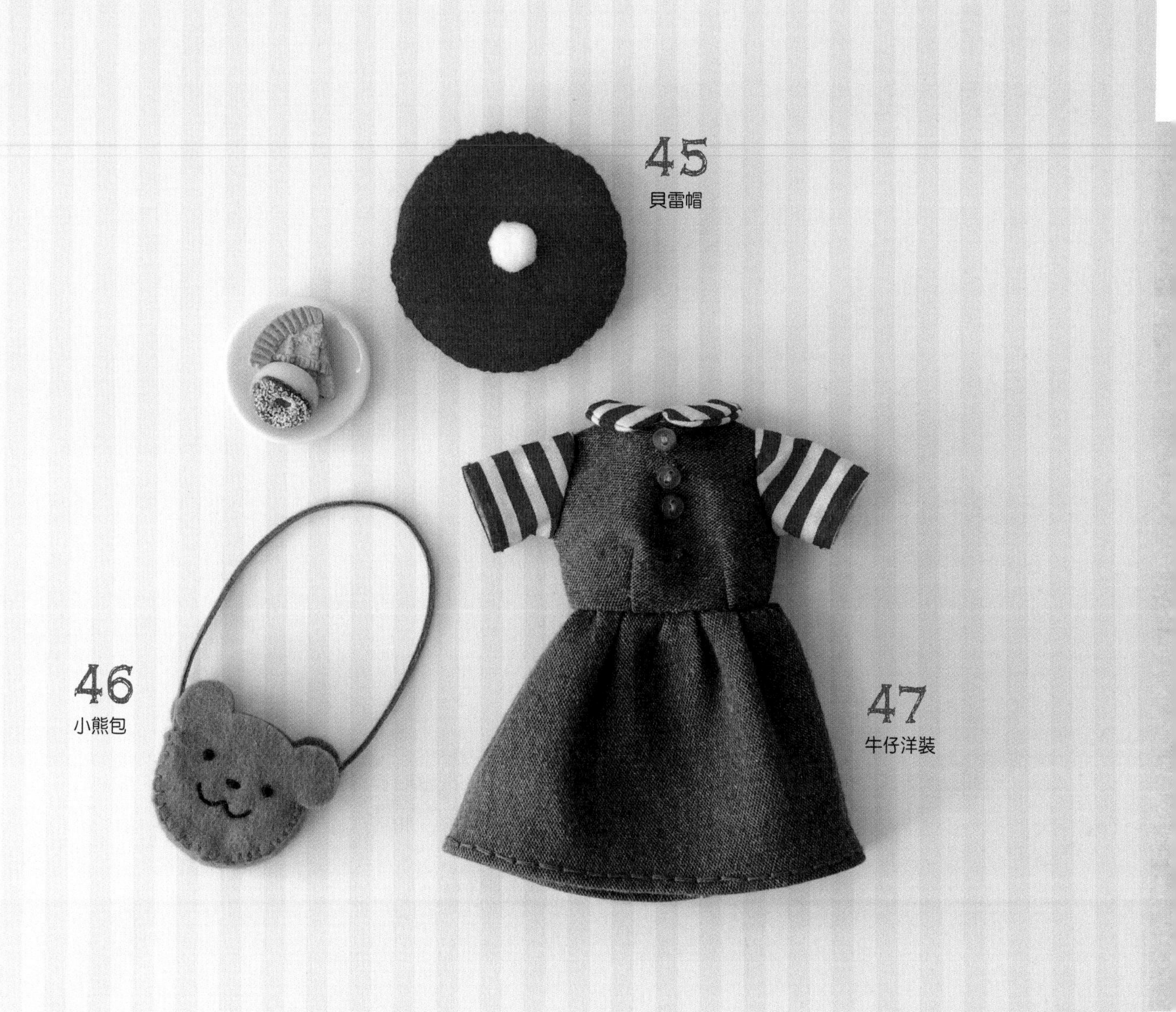
45
貝雷帽
46
小熊包
47
牛仔洋裝

貝雷帽
牛仔洋裝
小熊包

45 製作方法 ❊ 72頁
46·47 製作方法 ❊ 71頁

設計・製作／大和ちひろ（Chihiro）

時尚的紅藍對比是不織布貝雷帽和牛仔洋裝。
惡趣味的表情是小熊錢包的重點。

模特兒：LiccA Stylish doll collection
「Botanical Holiday Style」／TAKARA TOMY
眼鏡・鞋子／編輯部私人物品

The York Sweet Shop
今天下午和朋友一起
去熱門的糖果店踩點!!

製作方法 ❊ 60頁

設計・製作／本橋よしえ（Yoshie）

露肩洋裝

星形圖案緞布搭配圓點網紗組成的洋裝。
披肩拆下來是露肩的部份，
肩帶和胸前閃爍的水鑽非常的漂亮。

48

人台／TAKARA TOMY
珠寶盒・香水瓶／AWABEES
珍珠項鍊／編輯部私人物品

皮草披肩
吊帶洋裝

今晚是令人期待的
歌劇表演。
穿上珍藏的洋裝盛裝出席♪

模特兒：Licca Bijou Series
「Shiny Time」／TAKARA TOMY

49 製作方法 ✻ 59頁
50 製作方法 ✻ 58頁

設計・製作／金丸かほりク（Kahori）

流行的威爾斯格紋洋裝，
搭配柔軟輕飄的皮草披肩。
黑白單色調造就了成熟感。

鬆軟的睡袍好像公主一樣，
是否能讓我做個美夢呢？

模特兒：Licca Bijou Series
「Shiny Time」／TAKARA TOMY
迷你泰迪熊／AWABEES
沙發／編輯部私人物品

睡衣組合

51·53 製作方法 ❊ 77頁
52 製作方法 ❊ 76頁
54 製作方法 ❊ 74頁

設計・製作／西村明子

睡衣組合的主角是可愛泡泡袖的緞布睡袍。
粉藍的緞帶是重點。
看似眼罩的頭飾、心型的抱枕和蝴蝶結拖鞋等等，
女孩兒小物組合騷動著少女心。

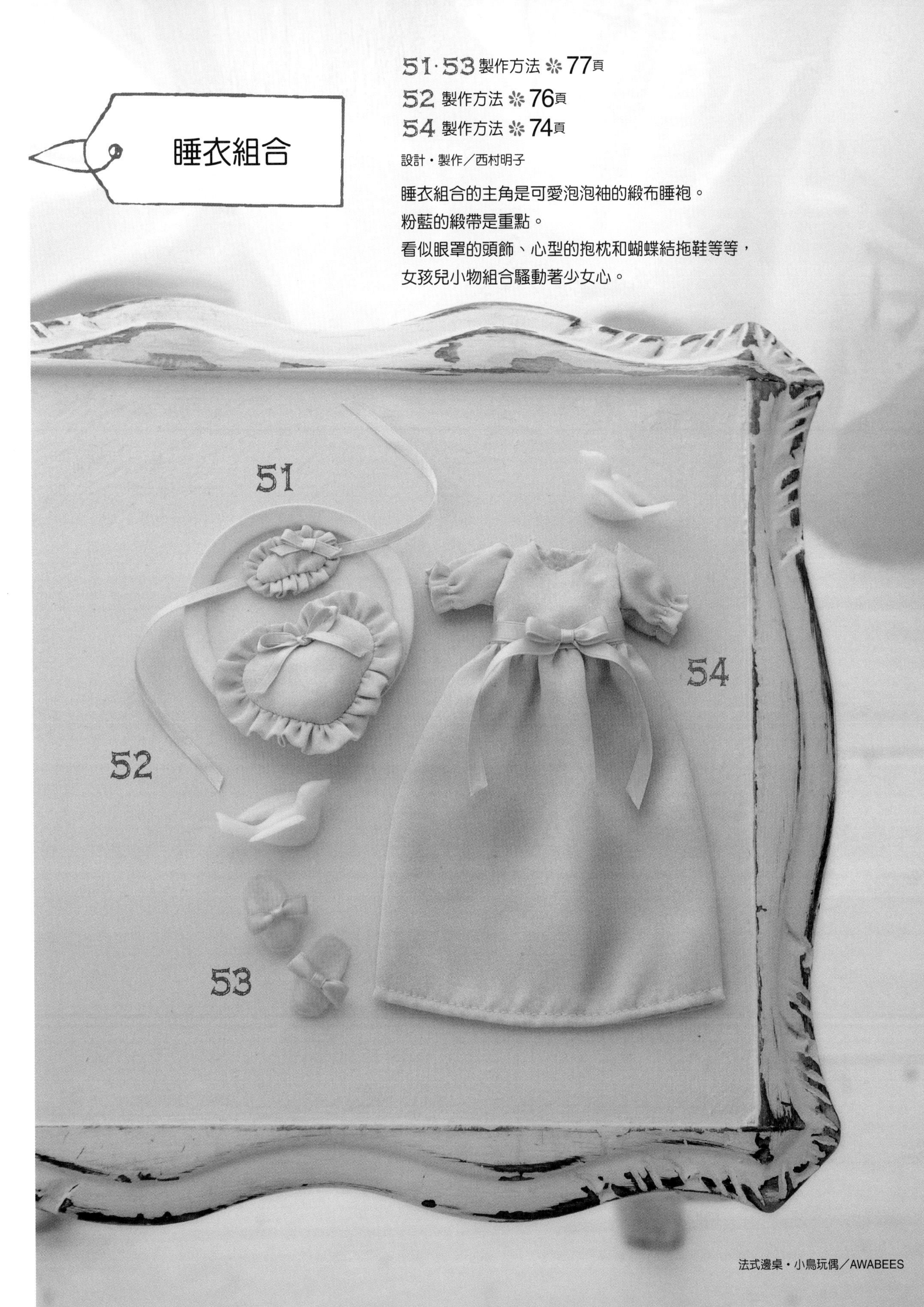
51
52
53
54

法式邊桌・小鳥玩偶／AWABEES

製作迷你洋裝與配件的便利工具

介紹製作迷你尺寸的作品時便利的工具。

工具提供／clover（可樂牌）

鉗子

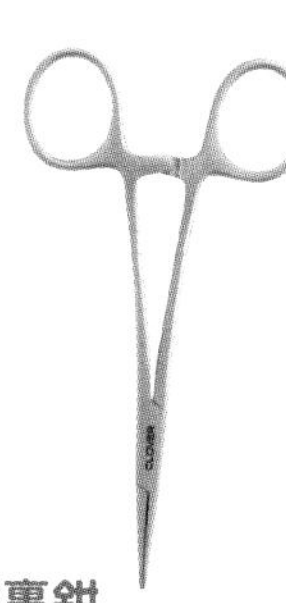

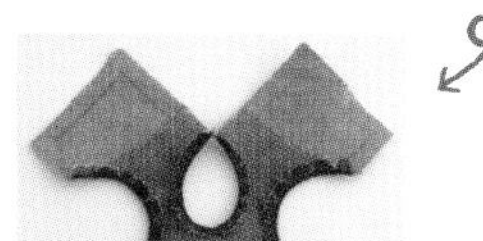

返裏鉗穿過貼邊和衣服本體之間，夾住衣服本體。

照這樣把衣服本體拉引出來。

簡單地把翻邊翻過來！

手藝用返裏鉗

手指頭無法伸入的部份也能簡單地翻回表面。將貼邊翻回表面的工作也能輕鬆地完成。

剪刀

裁剪用剪刀

因為尖端鋒利，最適合細微的裁剪工作。

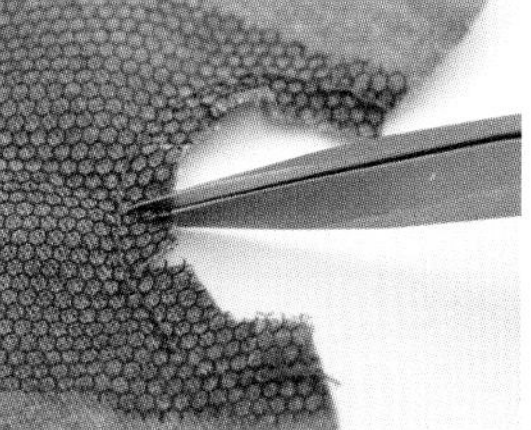

在縫份剪出缺口時，刀刃前端細窄的剪刀很便利。

黏合劑・接著劑

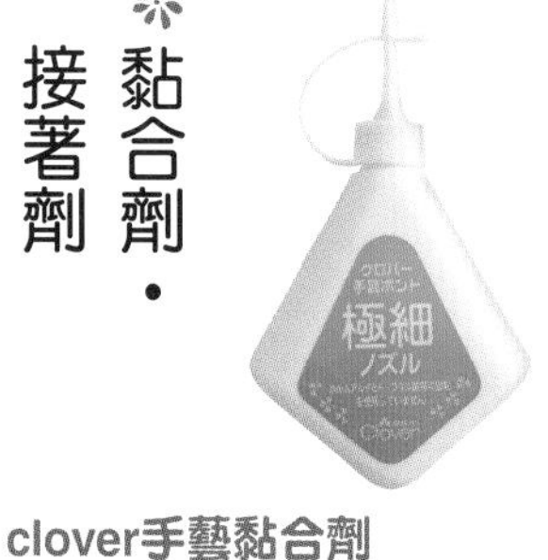

極細
ノズル

clover手藝黏合劑 <極細噴嘴>

布、紙、木料等手工藝皆可使用的黏合劑。縫份摺起來黏貼時使用。

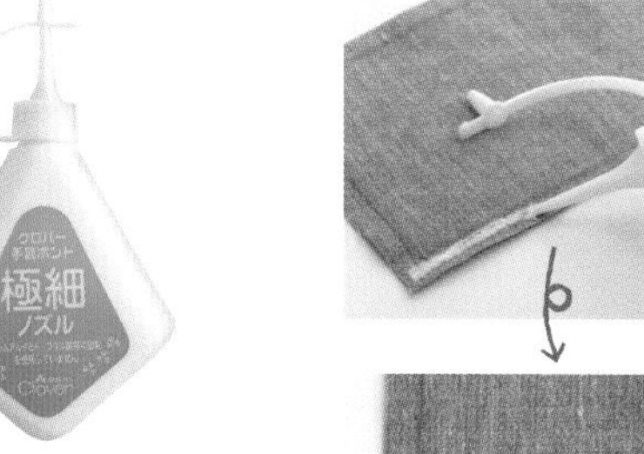

極細噴嘴讓細微的部份也能輕鬆地操作。

clover手藝用黏合劑 <強力型>

能夠黏合金屬或串珠等硬質材料的黏合劑。很難用線穿過的材質也能漂亮地完成。

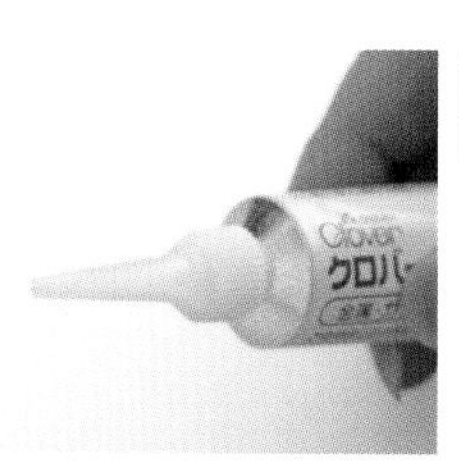

細嘴的出口能夠黏合精確定點。

使用於黏貼飾品等配件時。

止綻液

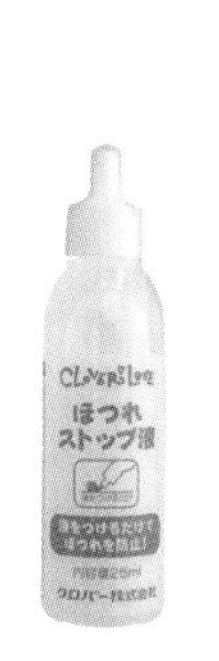

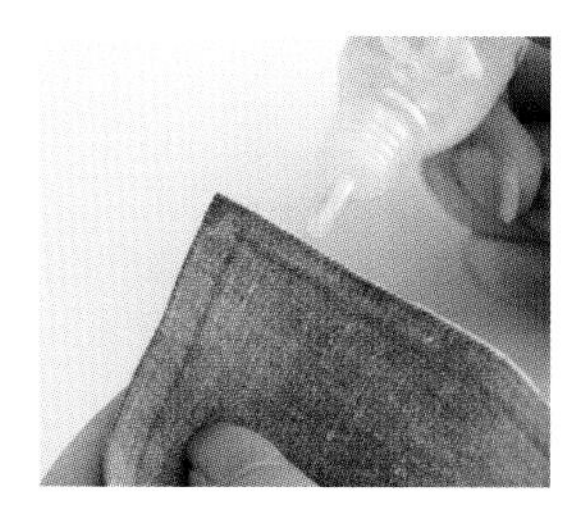

塗抹少量在布料邊緣，晾乾再開始縫製吧。

止綻液

只要塗在布料的邊緣，就可以防止布料綻開的液體。因為迷你洋裝的縫份窄細的關係，使用止綻液來處理布料邊緣吧。

熨斗

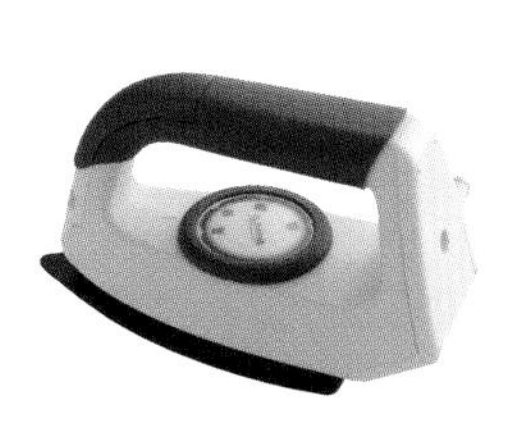

拼布熨斗（上）NEW細部整燙器（下）

需要整燙的部份窄小時，使用拼布熨斗或細部整燙器讓工作更便利。

實物大紙型的使用方法

本書所刊登的紙型全部都是實物大小，不需要放大。請確認洋裝的尺寸是莉卡娃娃的身體穿著專用的。

看紙型的方法

實物大紙型裏有必要的部分已外加縫份。除已標示之外，請加0.5cm的縫份。

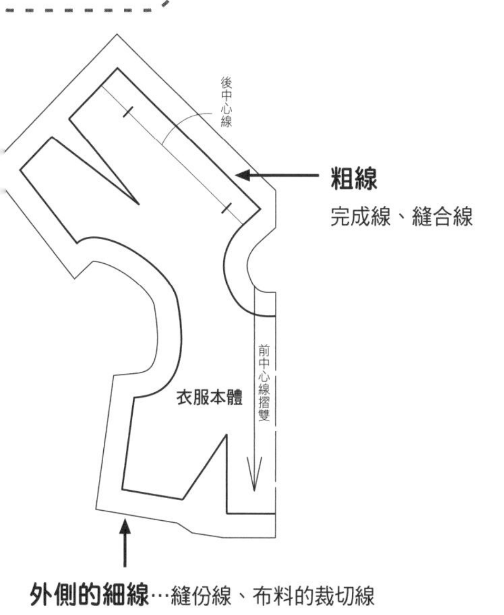

後中心線
粗線
完成線、縫合線
前中心線摺雙
衣服本體
外側的細線…縫份線、布料的裁切線

紙型的使用方法
用透明的紙將紙型畫下來複製，用裁紙剪刀剪下來使用。

什麼是「摺雙」？
紙型和布料成為一體的狀態。「摺雙」的位置表示紙型左右對稱地對摺。

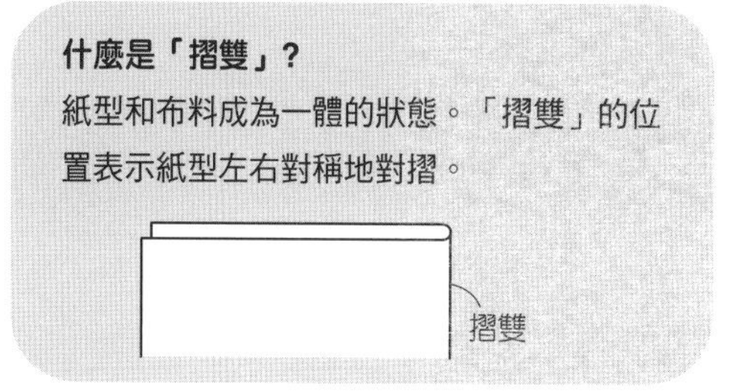

摺雙

紙型的記號

完成線	摺雙對摺線	山摺線
————————	—— —— ——	—— —— ——
貼邊線	布紋線（箭頭的方向是布料的縱向）	按扣、鈕扣
——-——-——-	————————>	＋

做記號的方法、裁剪

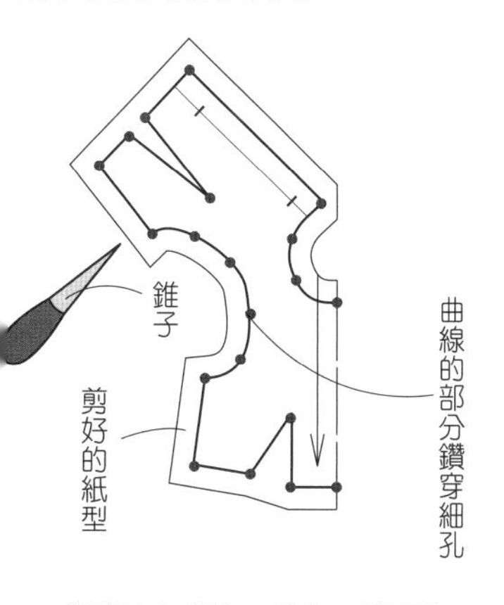

錐子
剪好的紙型
曲線的部分鑽穿細孔

1.紙型的完成線、轉角、褶子的前端用錐子鑽洞，粉土筆的尖端插入洞裡做記號。

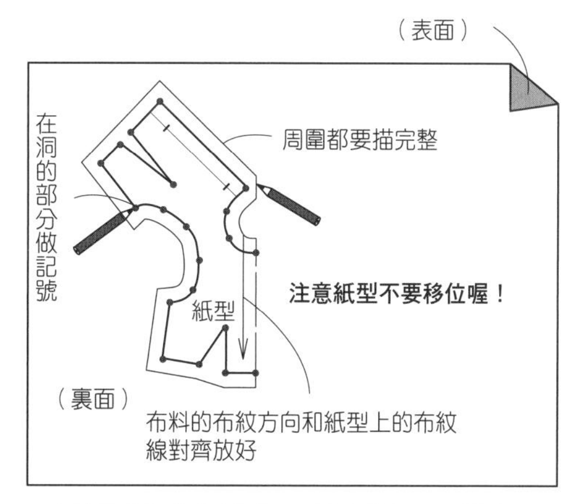

（表面）
在洞的部分做記號
周圍都要描完整
注意紙型不要移位喔！
紙型
（裏面）
布料的布紋方向和紙型上的布紋線對齊放好

2.布料的裏側放上紙型，用粉土筆沿周圍描線，標記好紙型上開洞的位置。（關於使用的布料種類或配件的片數請參閱製作方法頁的「準備配件」。）

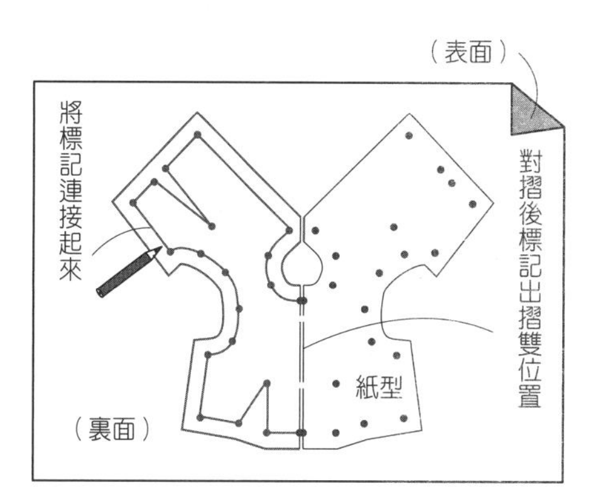

（表面）
將標記連接起來
對摺後標記出摺雙位置
紙型
（裏面）

3.鑽孔的記號用粉土筆連接起來。將紙型對稱對摺做出「摺雙」的標記。

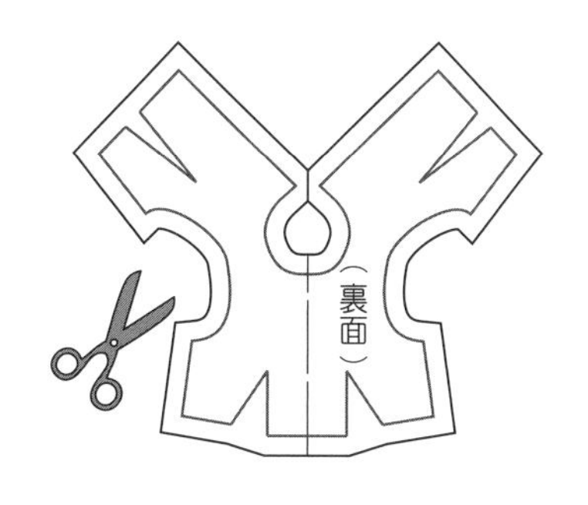

（裏面）

.用剪刀沿著畫好的縫份線裁剪下來。

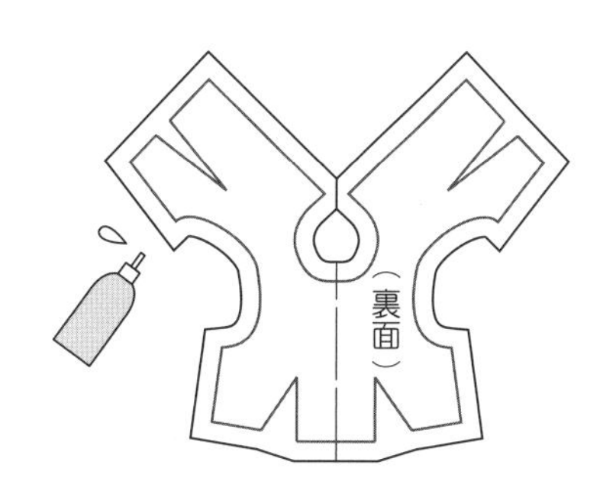

（裏面）

5.布料邊緣塗上止綻液。

無外加縫份時
為了讓部份較小的紙型配件容易縫製，將採用「粗裁」的手法，因此無外加縫份的狀況。此時只能照紙型指定的尺寸標記在粗裁的布料上，在完成線上縫製後加上縫份再裁剪。

※ 開始製作之前

◆製作方法頁面的數字單位為cm（公分）。
此外，本書的材料表示為最小使用量，和實際的布幅寬度無關。

縫製的要領

製作方法頁面會寫明「縫合」來指示縫合的部分。這個部分用縫紉機或手縫的「回針縫」來縫製。
連接袖子或較小的配件時建議用手縫來縫製。

縫紉機縫製的要點

＊起縫和止縫

起縫和止縫時請使用回針縫。回針縫是在相同的針目上2～3次重疊縫製。

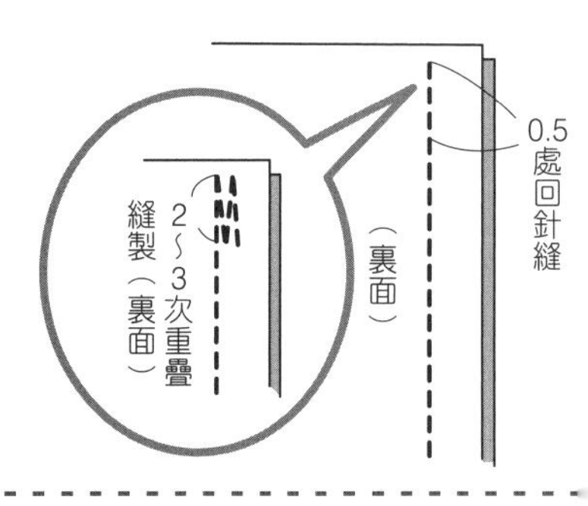

0.5處回針縫
2～3次重疊縫製（裏面）
（裏面）

基本的手縫

＊回針縫（縫合）

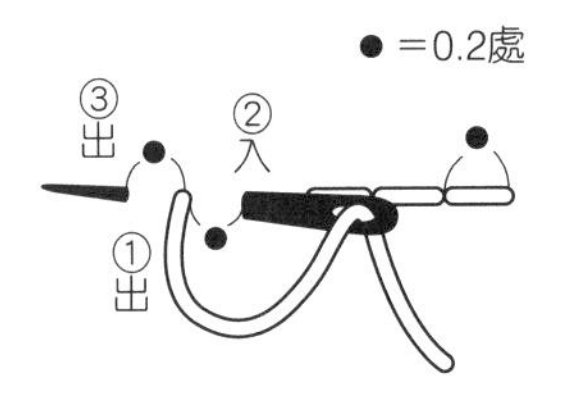

●＝0.2處
③出
②入
①出

＊平針縫（細縫）

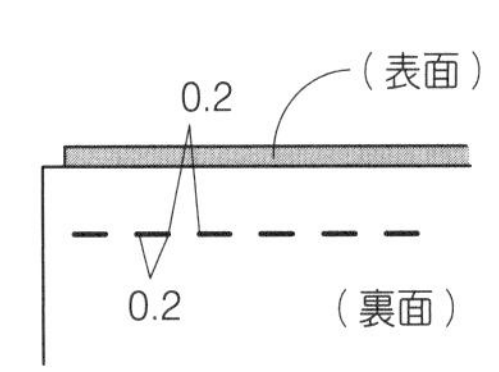

0.2
（表面）
0.2
（裏面）

所謂貼邊用網紗

本書部分除外，貼邊使用裁切時不會綻開的網紗。網紗有各色各樣的種類，推薦使用無彈性的「軟質網紗」。

＊暗縫

立針縫
重疊布料時使用的縫法。

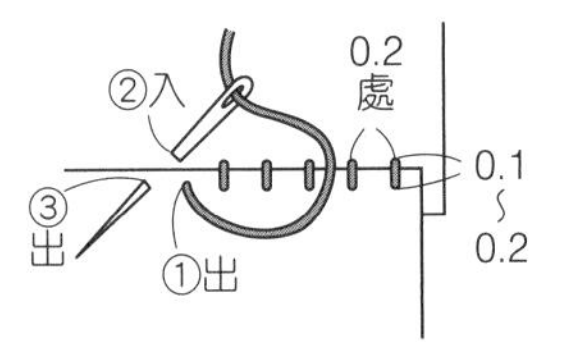

②入
0.2處
③出
①出
0.1～0.2

藏針縫
主要是使用在返口縫合時的縫法。

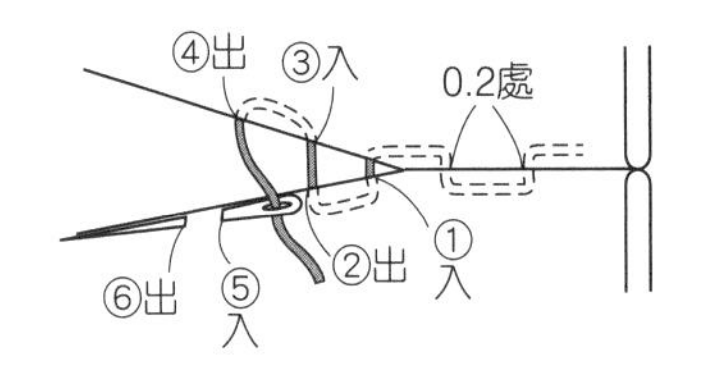

④出
③入
0.2處
②出
①入
⑥出
⑤入

縫份攤開，倒向同邊

縫紉機縫合2片布料時，縫份可左右兩邊攤開或倒向同一邊。

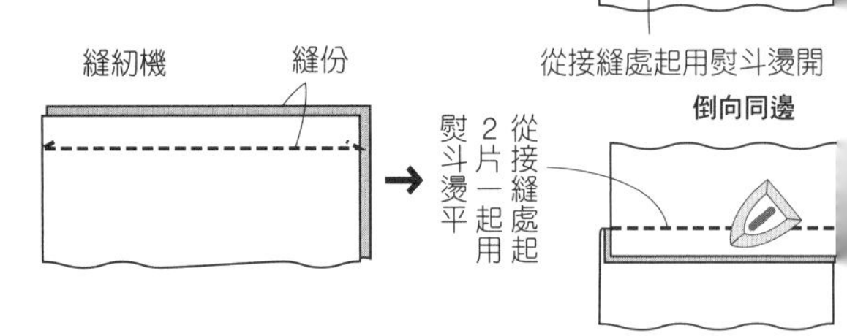

縫紉機
縫份
從接縫處起用2片一起用熨斗燙平
攤開
從接縫處起用熨斗燙開
倒向同邊

按扣的安裝法

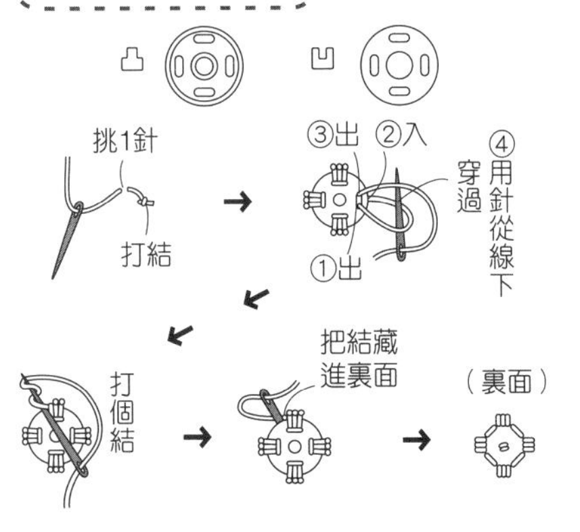

挑1針
打結
③出
②入
①出
④用針從線下穿過
打個結
把結藏進裏面
（裏面）

抽皺褶的方法

用手縫時採用平針縫，
以縫紉機車縫時用大一點的針目車縫兩條。
起縫和止縫時預留10cm左右的縫線。
（為抽皺褶用）

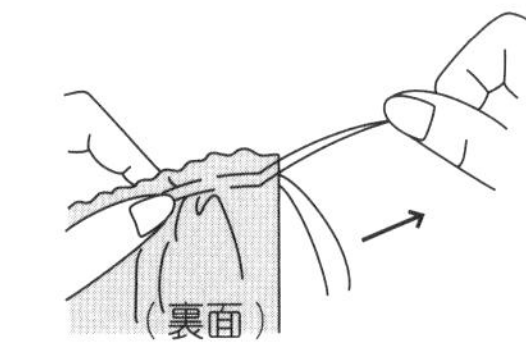

0.2cm
0.2cm
（裏面）
留下線的末端

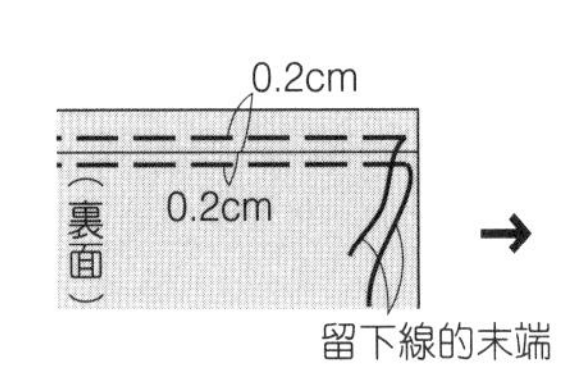

（裏面）
2條線一起拉，抽出皺褶

只有擠壓到縫份的部分

抓皺時的褶子不要歪斜，需往正下方拉引

刺繡線的使用方法

25號刺繡線是6條細線組合成一束。

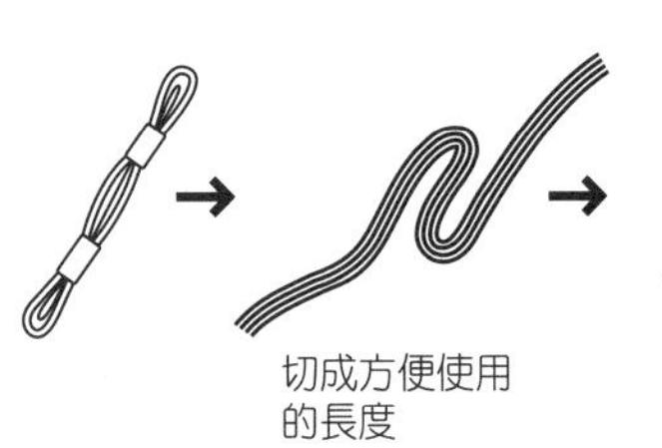

切成方便使用的長度

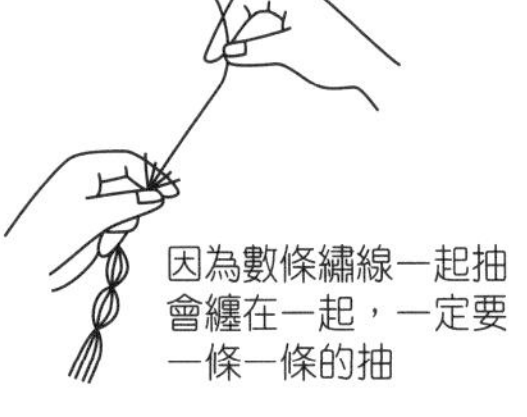

因為數條繡線一起抽會纏在一起，一定要一條一條的抽

所謂「取○條線」是…
一條一條抽出的線，多少條一起穿過針來使用

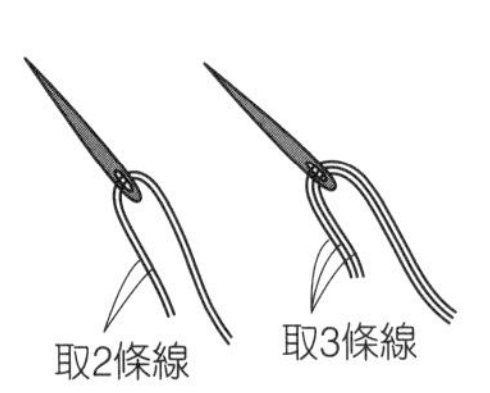

取2條線
取3條線

捲邊縫
2片布料邊緣以螺旋狀纏繞著縫。

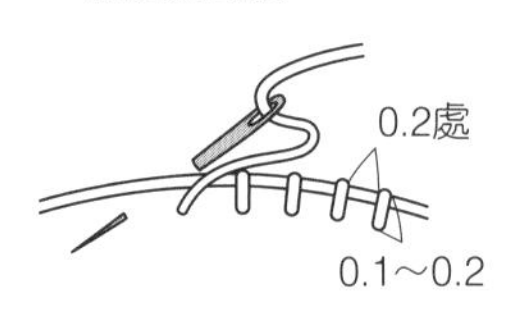

0.2處
0.1～0.2

4頁 1・2 5頁 4

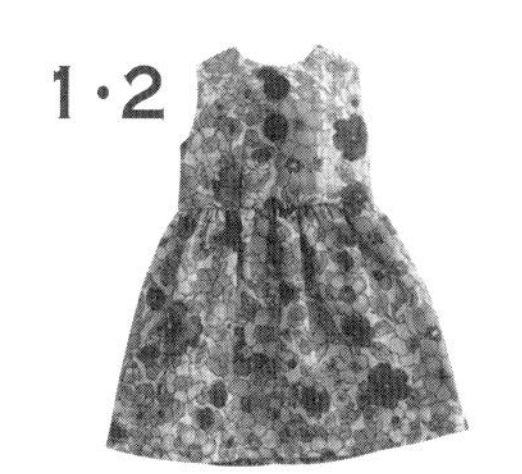
1・2

4

材料（1件份）

- 表布（棉）40cm寬 15cm
- 網紗 15cm寬 15cm
- 按扣 直徑0.7cm 2組
- 1・2 鈕扣 直徑0.6cm 2個
- 4 緞帶 0.4cm寬 15cm

準備配件

★貼邊用網紗之外的實物大紙型在37頁。

衣服本體（表布・1片）

※衣服本體和貼邊用網紗按照指定的尺寸做粗裁。

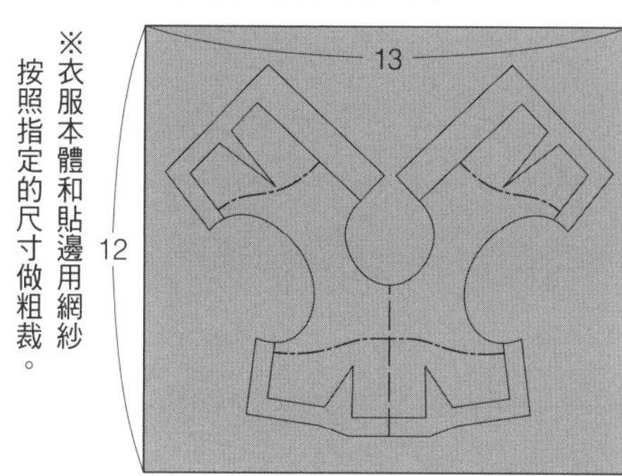
13
12

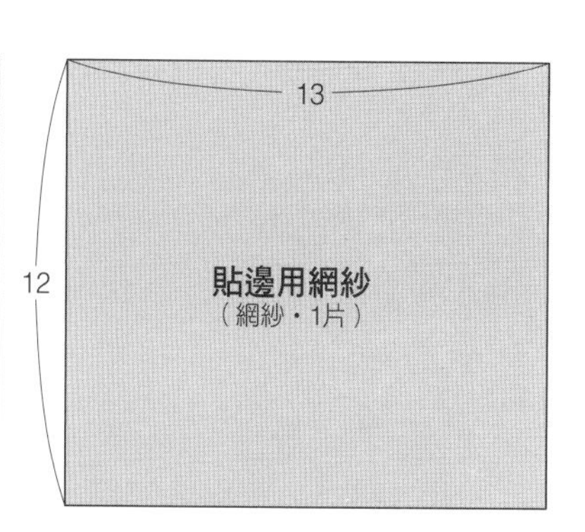
13
12
貼邊用網紗
（網紗・1片）

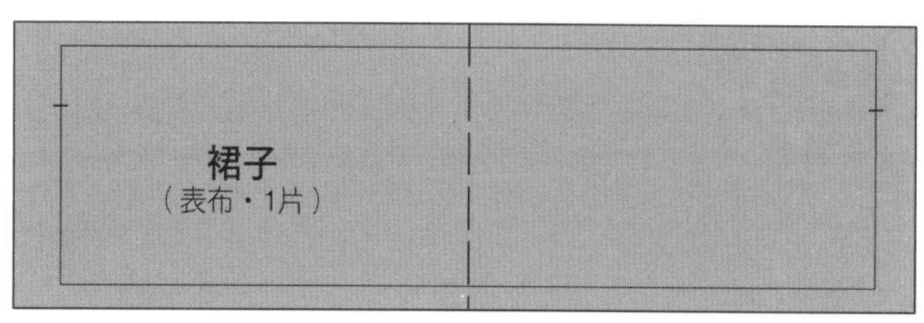
裙子
（表布・1片）

製作方法

※裙子的布邊塗抹止綻液再開始縫製。

1 衣服本體和貼邊的連接

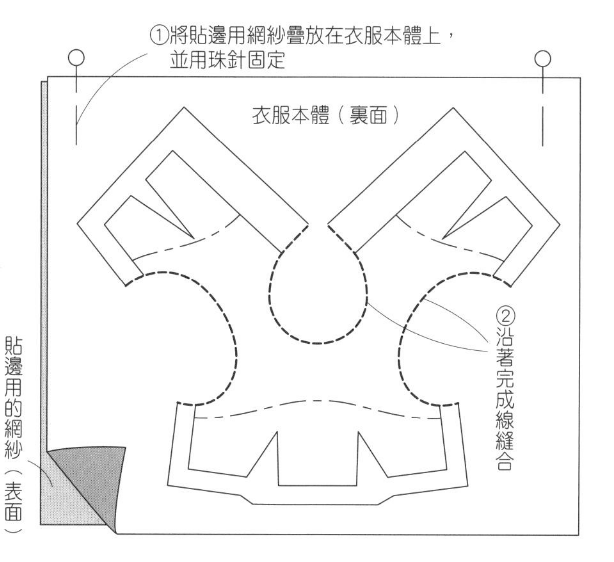
①將貼邊用網紗疊放在衣服本體上，並用珠針固定
衣服本體（裏面）
②沿著完成線縫合
貼邊用的網紗（表面）

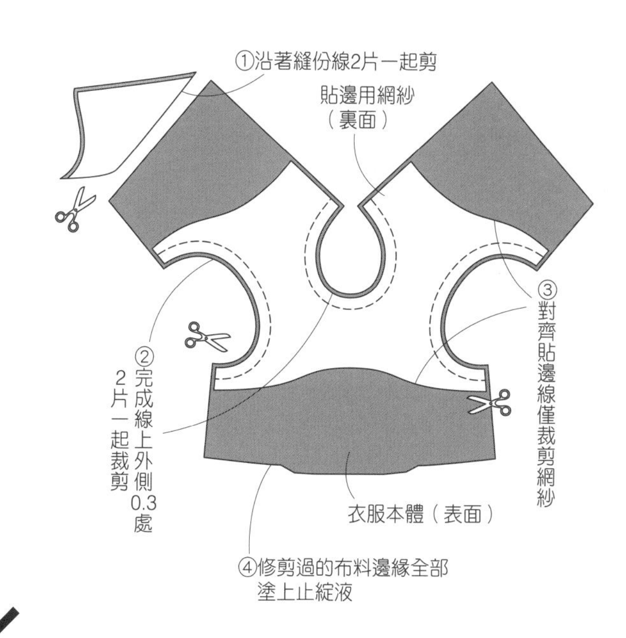
①沿著縫份線2片一起剪
貼邊用網紗
（裏面）
③對齊貼邊線僅裁剪網紗
②完成線上外側0.3處2片一起裁剪
衣服本體（表面）
④修剪過的布料邊緣全部塗上止綻液

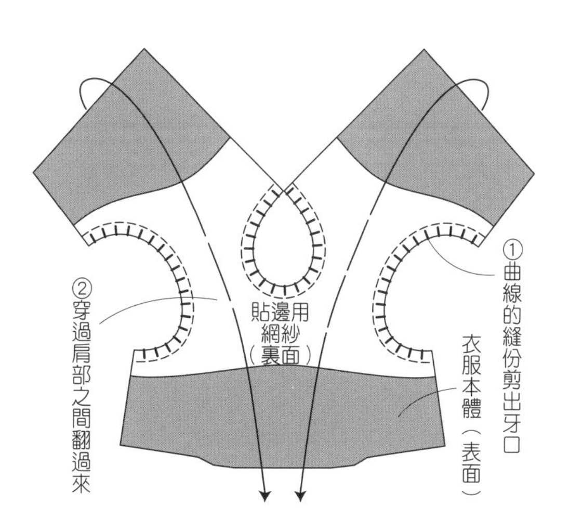
①曲線的縫份剪出牙口
②穿過肩部之間翻過來
貼邊用網紗（裏面）
衣服本體（表面）

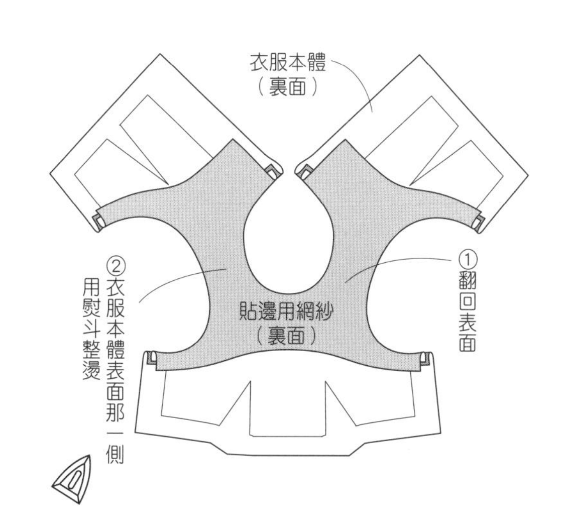
衣服本體
（裏面）
①翻回表面
②衣服本體表面那一側用熨斗整燙
貼邊用網紗
（裏面）

2 ❊ 褶子的縫製

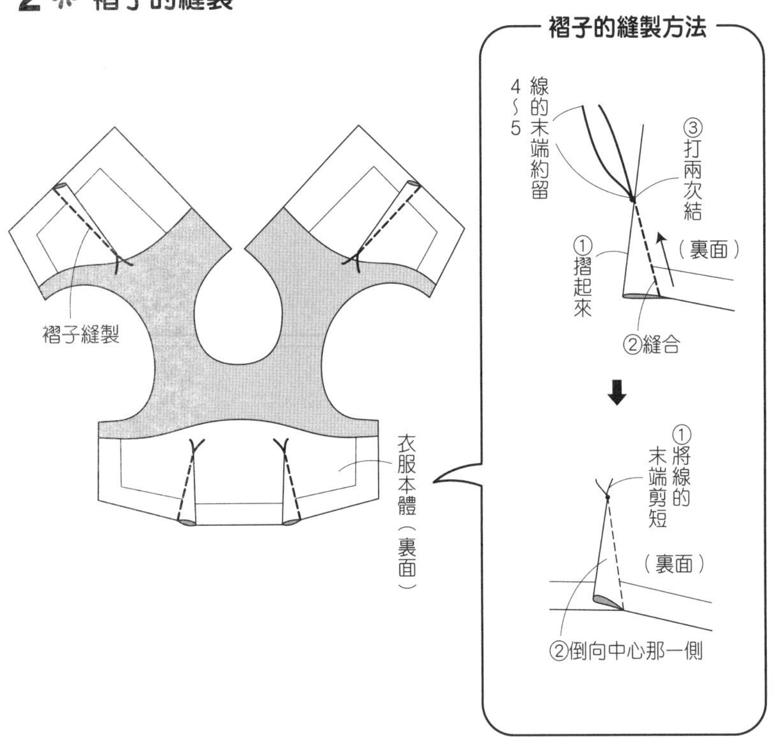
褶子的縫製方法
線的末端約留4~5
③打兩次結
①摺起來
（裏面）
②縫合
①將線的末端剪短
（裏面）
②倒向中心那一側
褶子縫製
衣服本體（裏面）

3 ❊ 脇線的縫製

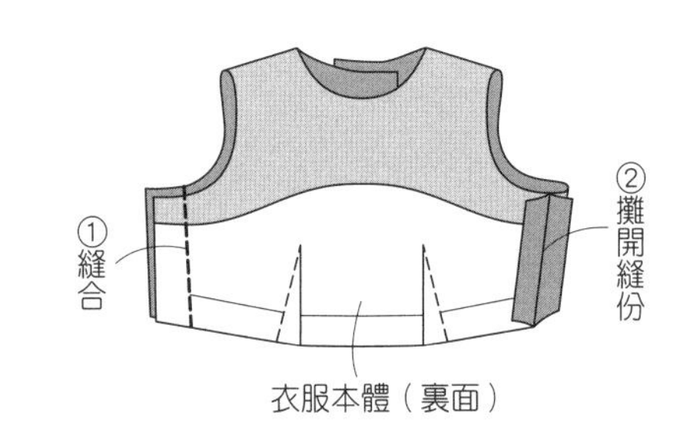
①縫合
②攤開縫份
衣服本體（裏面）

4 ❊ 裙子的製作

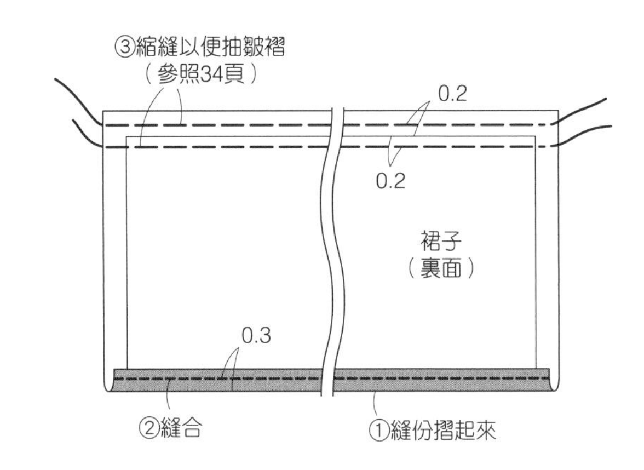
③縮縫以便抽皺褶
（參照34頁）
0.2
0.2
裙子
（裏面）
0.3
②縫合
①縫份摺起來

5 ❊ 衣服本體和裙子的縫合

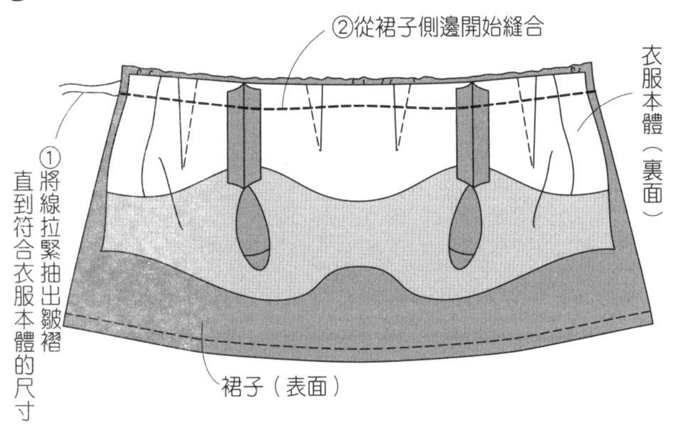
②從裙子側邊開始縫合
衣服本體（裏面）
①將線拉緊抽出皺褶直到符合衣服本體的尺寸
裙子（表面）

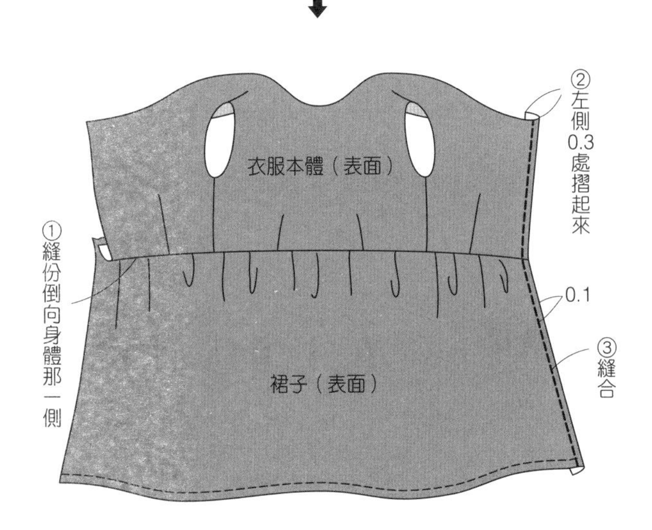
衣服本體（表面）
②左側0.3處摺起來
①縫份倒向身體那一側
0.1
③縫合
裙子（表面）

6 ❊ 後中心縫製

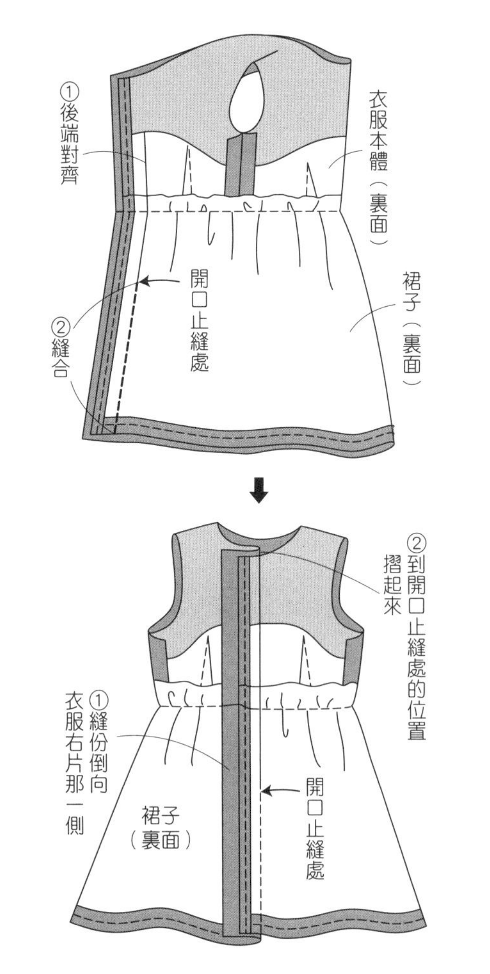
①後端對齊
衣服本體（裏面）
開口止縫處
②縫合
裙子（裏面）
②到開口止縫處的位置摺起來
①縫份倒向衣服右片那一側
裙子（裏面）
開口止縫處

7 ❋ 按扣的安裝

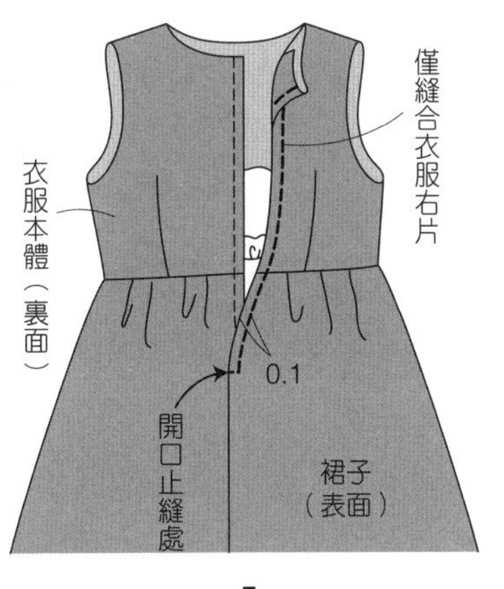

僅縫合衣服右片
衣服本體（裏面）
0.1
開口止縫處
裙子（表面）

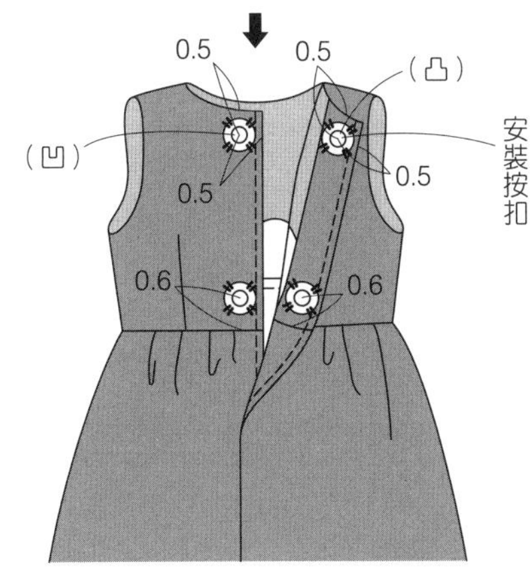

0.5
0.5
（凸）
（凹）
安裝按扣
0.5
0.5
0.6
0.6

8 ❋ 製作完成

前面
no.1・2
縫上鈕扣
0.8
0.8
約
10.2
後面
長度15的緞帶打好結縫上去
no.4

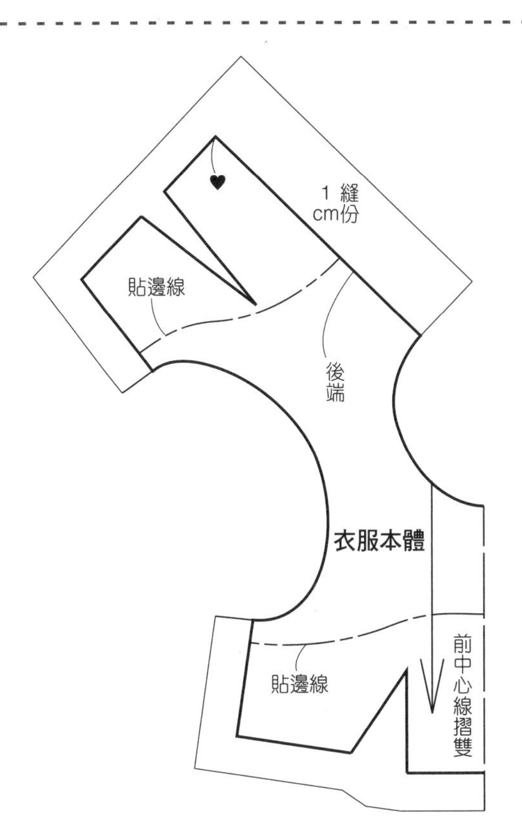

1 縫
cm份
貼邊線
後端
衣服本體
貼邊線
前中心線摺雙

1・2・4實物大紙型

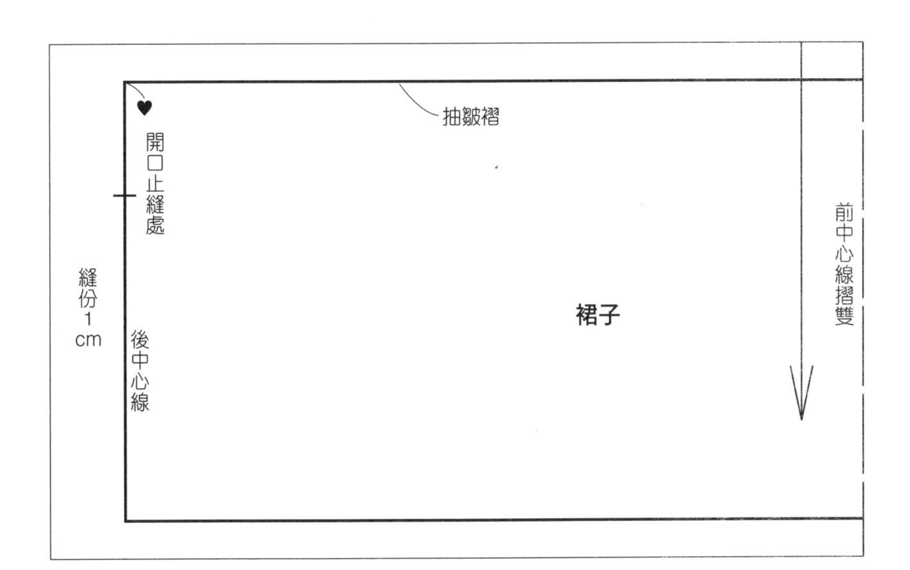

抽皺褶
開口止縫處
縫份1cm
後中心線
裙子
前中心線摺雙

6頁**6** 7頁**7** 16頁**24**

6·24 **7**

材料（1件份）

- 表布（棉）25cm寬 25cm
- 網紗 15cm寬 15cm
- 魔術貼 0.5cm寬 10cm
- **7** 緞帶A 0.6cm寬 20cm
- **7** 緞帶B 0.4cm寬 5cm
- **7** 迷你扣環 內徑0.6cm 1個
- **7** 鈕扣 直徑0.4cm 2個

準備配件 ★衣服本體的實物大紙型在41頁。

衣服本體
（表布・1片）
12
10
貼邊用網紗
（網紗・1片）

※貼邊用網紗按照指定的尺寸做粗裁。

製作方法

1 ※ 衣服本體和貼邊的連接

②沿著完成線縫合
①將貼邊用網紗疊放在衣服本體上，用珠針固定
貼邊用網紗（表面）
衣服本體
（裏面）
③布料邊緣全部塗上止綻液
②對齊貼邊線裁剪網紗
①完成線上外側0.3處2片一起裁剪
貼邊用網紗
（裏面）
0.3
衣服本體
（表面）
②穿過肩部之間翻過來
貼邊用
網紗
（裏面）
①曲線的縫份剪出牙口
衣服本體（表面）

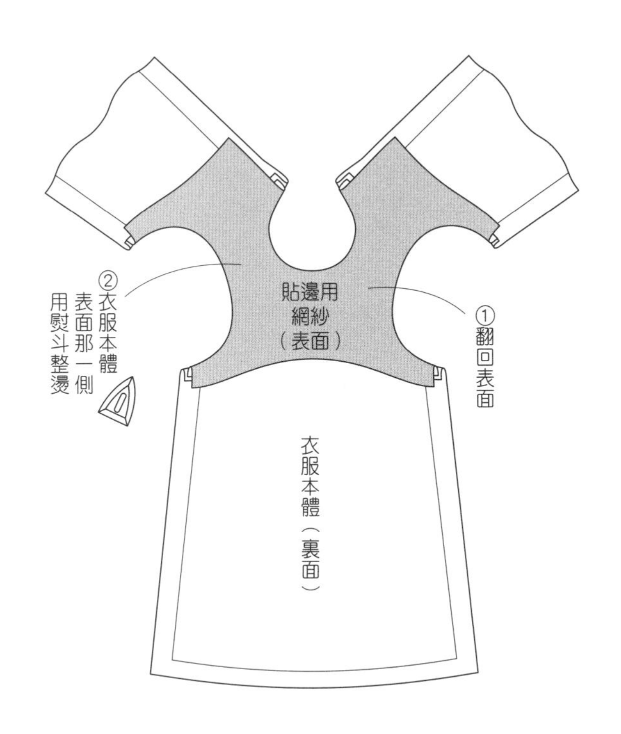
②衣服本體表面那一側用熨斗整燙
貼邊用網紗（表面）
①翻回表面
衣服本體（裏面）

2 ※ 脇線的縫製

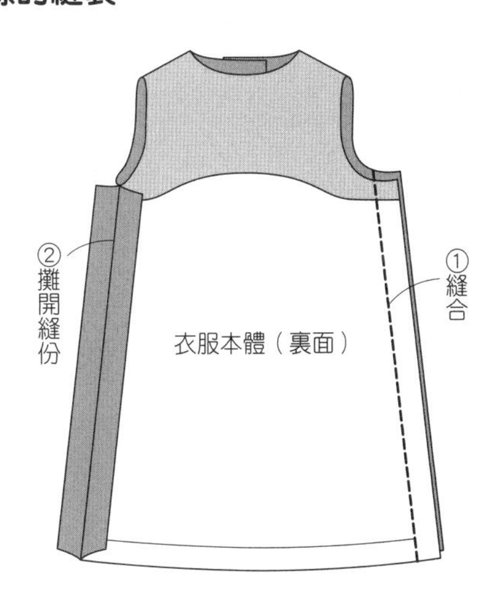
②攤開縫份
衣服本體（裏面）
①縫合

3 ※ 下襬線的縫製

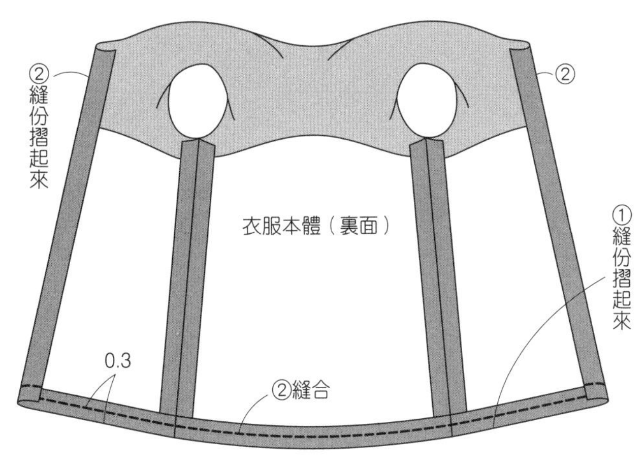
②縫份摺起來
②
衣服本體（裏面）
①縫份摺起來
0.3
②縫合

4 ※ 裝飾的添加（僅有7）

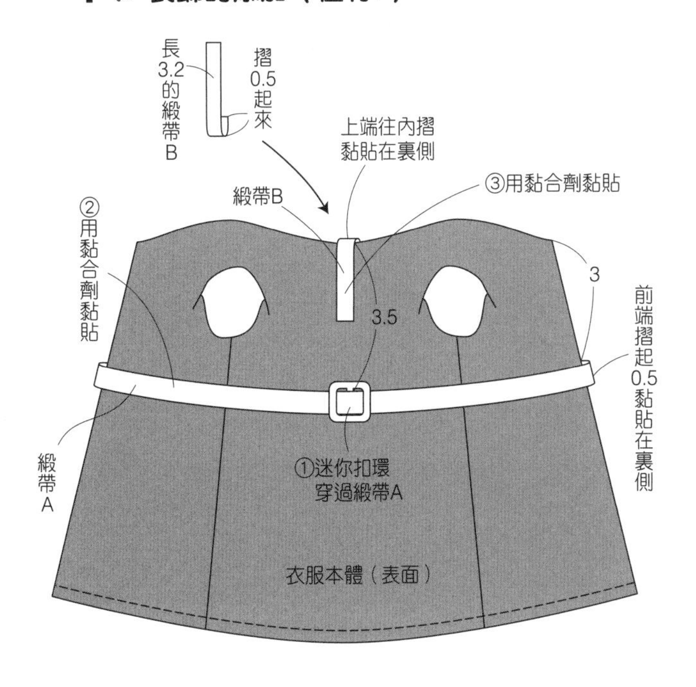
長3.2的緞帶B
摺0.5起來
上端往內摺黏貼在裏側
緞帶B
③用黏合劑黏貼
②用黏合劑黏貼
3
3.5
前端摺起0.5黏貼在裏側
緞帶A
①迷你扣環穿過緞帶A
衣服本體（表面）

5 ※ 魔術貼的安裝

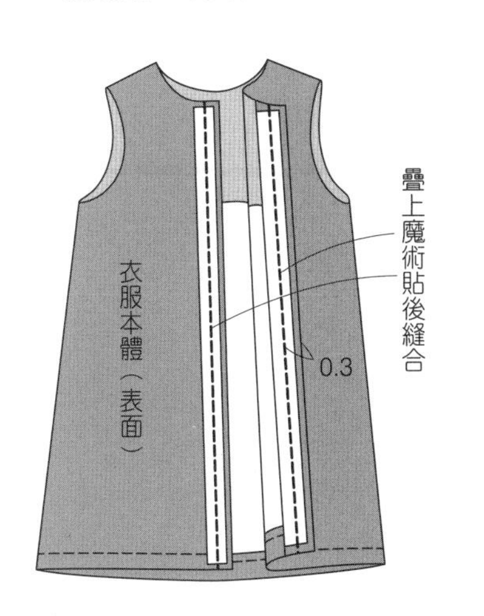
衣服本體（表面）
疊上魔術貼後縫合
0.3

6 ※ 製作完成

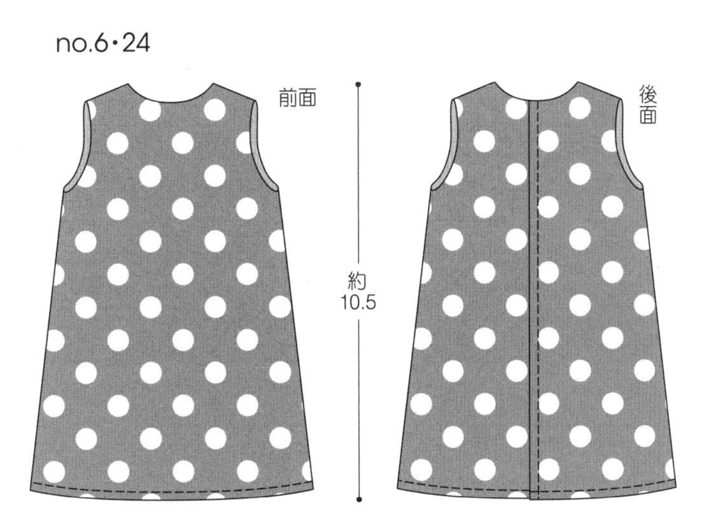
no.6・24
前面
約10.5
後面
no.7
0.4
縫上鈕扣
0.8

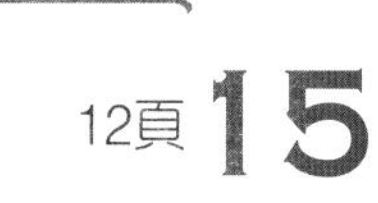

12頁 15

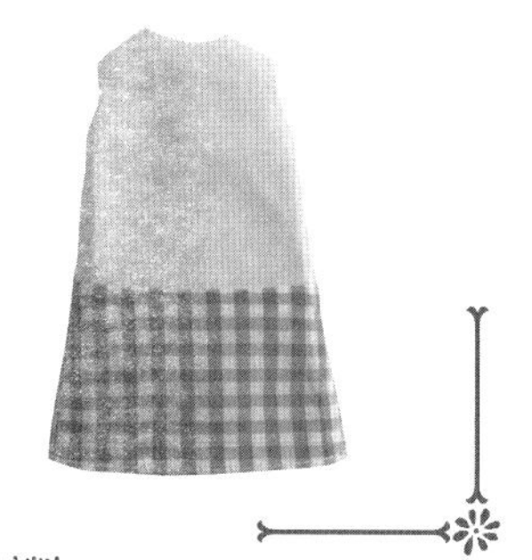

準備配件　★貼邊用網紗之外的實物大紙型在41頁。

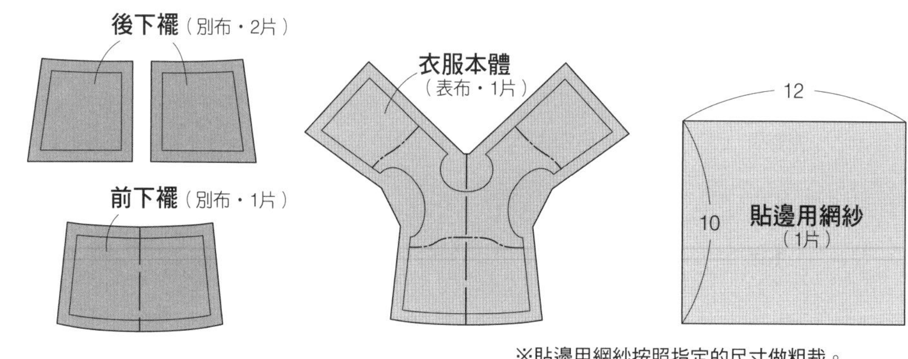

後下襬（別布・2片）
前下襬（別布・1片）
衣服本體
（表布・1片）
12
10
貼邊用網紗
（1片）

※貼邊用網紗按照指定的尺寸做粗裁。

材料

- 表布（棉・素布）20cm寬 15cm
- 別布（棉・格紋）25cm寬 10cm
- 網紗 15cm寬 15cm
- 魔術貼 0.5cm寬 10cm

製作方法

※前下襬、後下襬的布邊塗抹止綻液後再開始縫製。

1 衣服本體和貼邊的連接（參照38頁）

2 衣服本體和下襬的連接

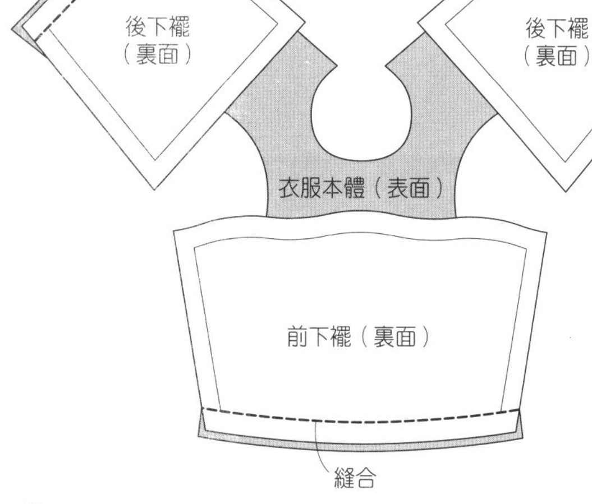

縫合
後下襬
（裏面）
縫合
後下襬
（裏面）
衣服本體（表面）
前下襬（裏面）
縫合

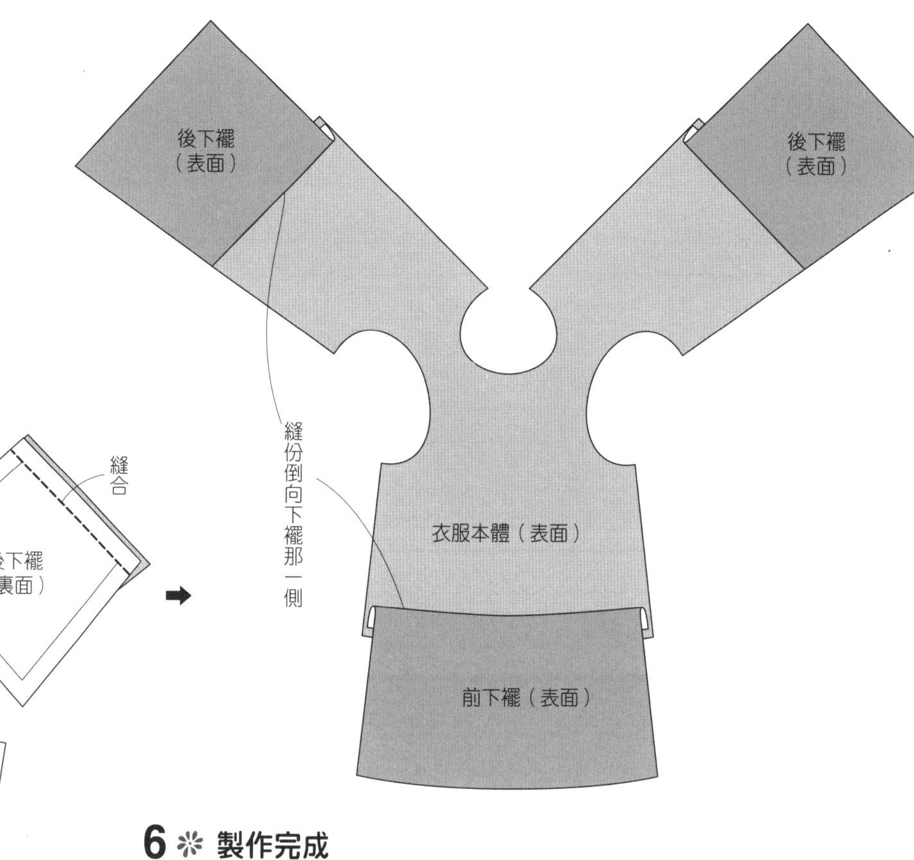

後下襬
（表面）
後下襬
（表面）
縫份倒向下襬那一側
衣服本體（表面）
前下襬（表面）

3 脇線的縫製（參照39頁）

4 下襬線的縫製（參照39頁）

5 魔術貼的安裝（參照39頁）

6 製作完成

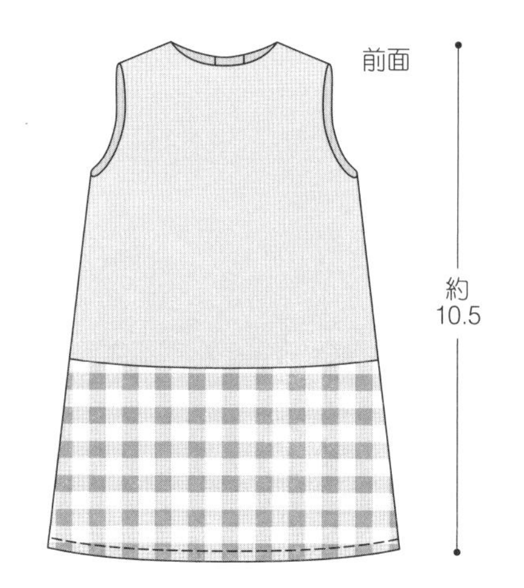

前面
約
10.5

後面

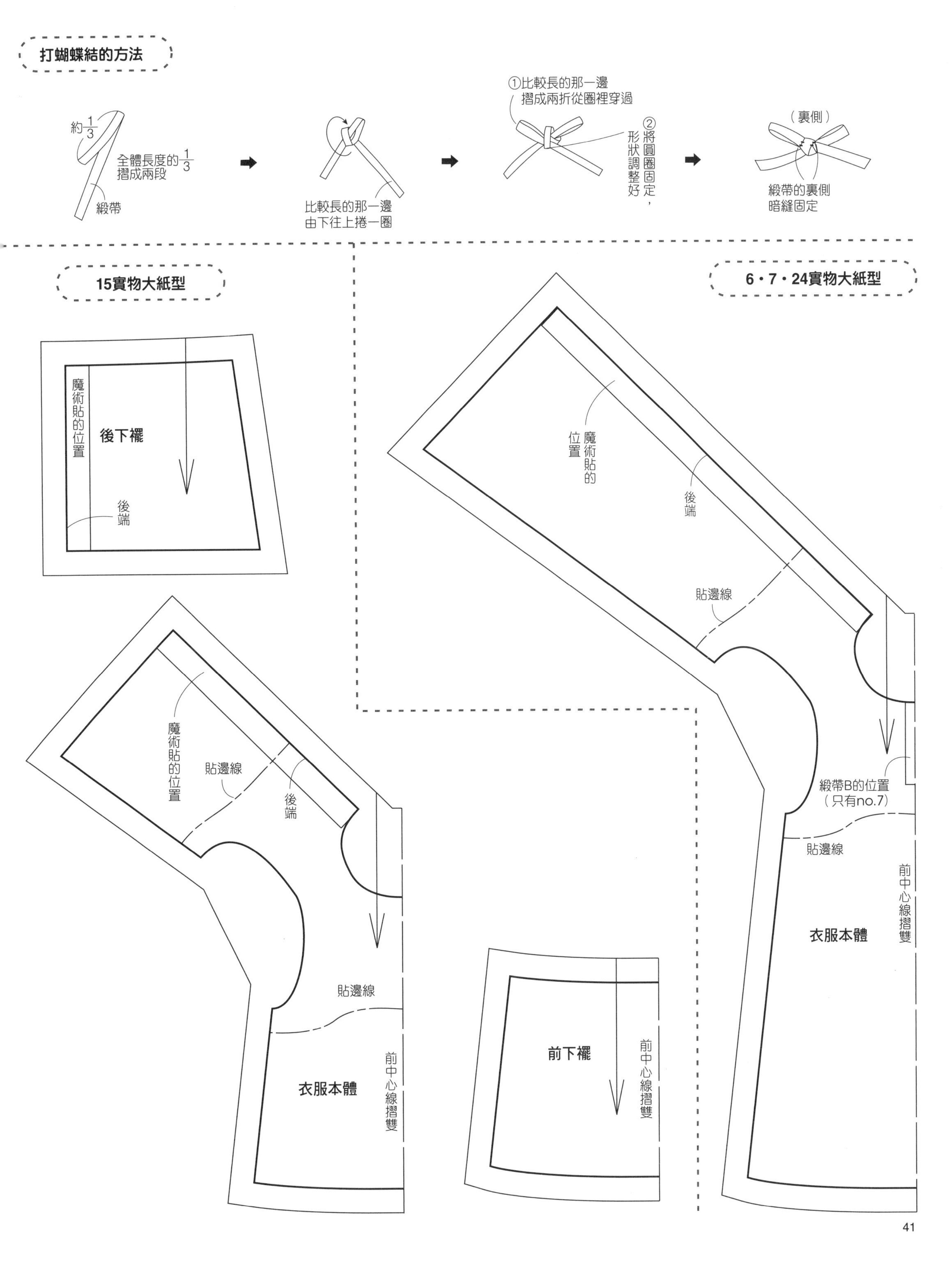

打蝴蝶結的方法
約1/3
全體長度的1/3
摺成兩段
緞帶
比較長的那一邊
由下往上捲一圈
①比較長的那一邊
摺成兩折從圈裡穿過
②將圓圈固定，
形狀調整好
（裏側）
緞帶的裏側
暗縫固定
15實物大紙型
魔術貼的位置
後下襬
後端
魔術貼的位置
貼邊線
後端
貼邊線
衣服本體
前中心線摺雙
前下襬
前中心線摺雙
6・7・24實物大紙型
魔術貼的位置
後端
貼邊線
緞帶B的位置
（只有no.7）
貼邊線
前中心線摺雙
衣服本體

8頁 **11**

材料

- 表布（亞麻）45cm寬 15cm
- 網紗 15cm寬 15cm
- 魔術貼 0.5cm寬 5cm

準備配件

★除貼邊用網紗之外的實物大紙型在43頁。

※衣服本體和貼邊用網紗按照指定的尺寸做粗裁。

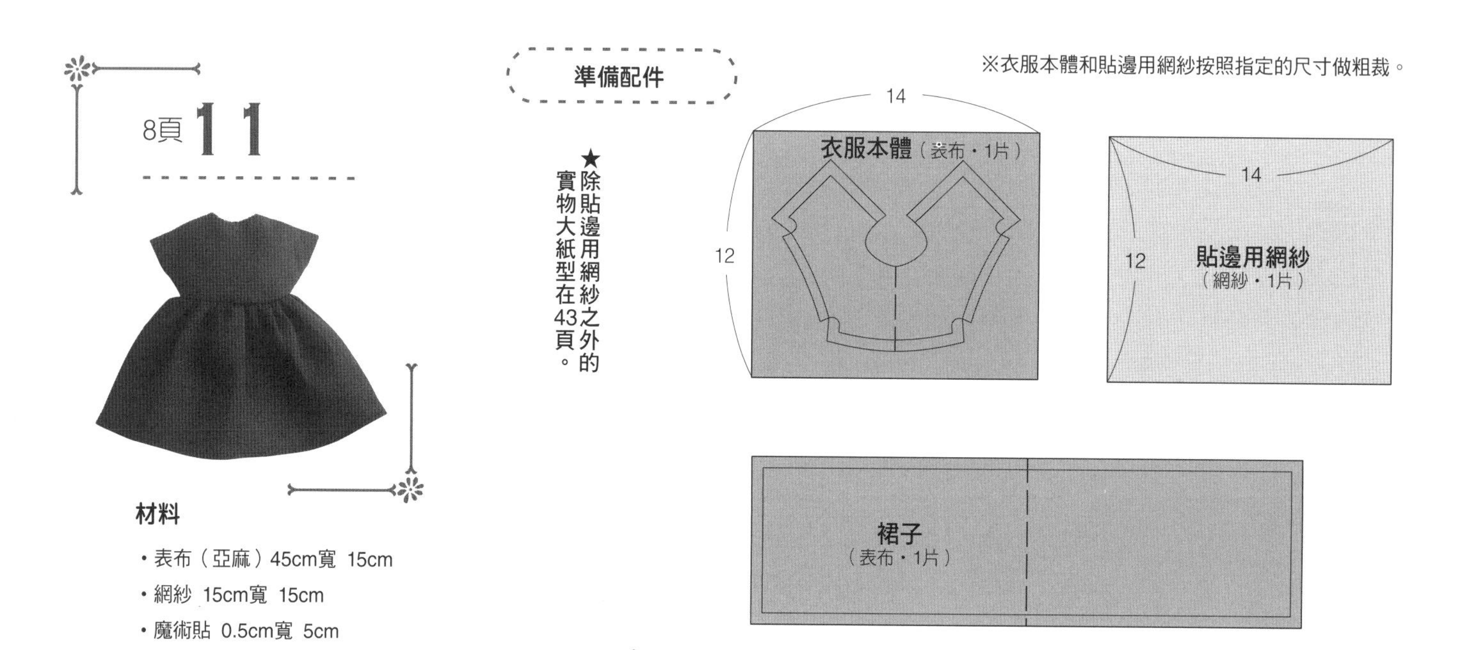

14
衣服本體（表布・1片）
12
14
12
貼邊用網紗
（網紗・1片）
裙子
（表布・1片）

製作方法

※裙子布邊塗上止綻液再開始縫製。

1 衣服本體和貼邊的連接

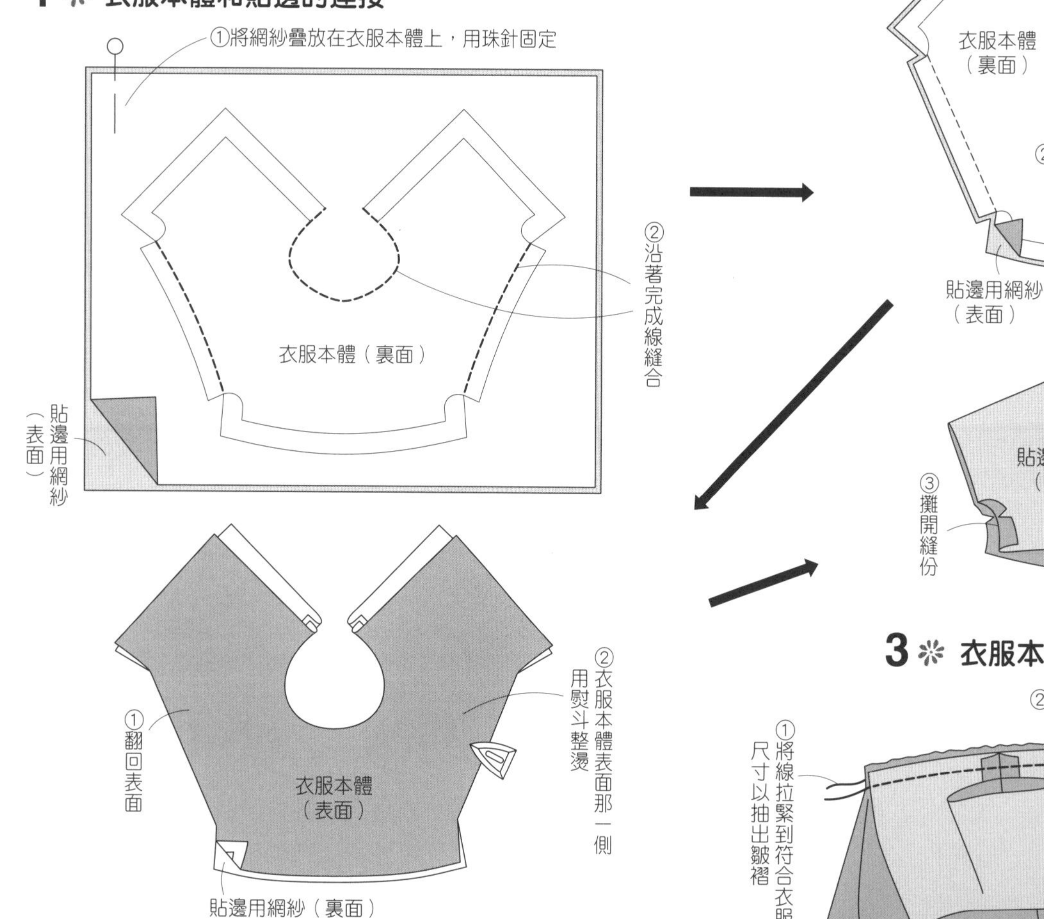

①將網紗疊放在衣服本體上，用珠針固定
②沿著完成線縫合
衣服本體（裏面）
貼邊用網紗（表面）
①翻回表面
②衣服本體表面那一側用熨斗整燙
衣服本體（表面）
貼邊用網紗（裏面）
④曲線的縫份剪出牙口
①沿著縫份線2片一起裁剪
衣服本體（裏面）
②完成線上外側0.3處2片一起裁剪
貼邊用網紗（表面）
③修剪過的布邊全部塗上止綻液
貼邊用網紗（表面）
③攤開縫份
①縫合
②剪出牙口
衣服本體（表面）

2 裙子的製作（參照36頁）

3 衣服本體和裙子縫合

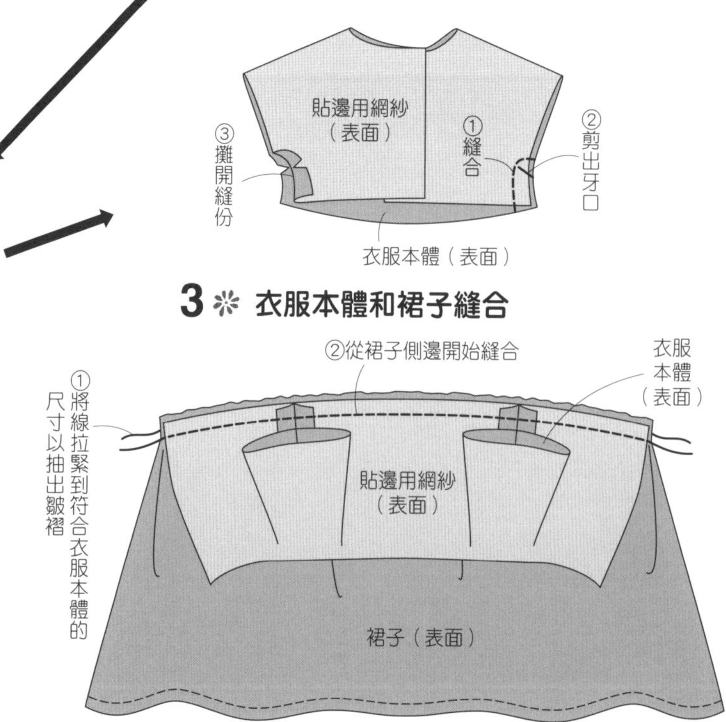

②從裙子側邊開始縫合
衣服本體（表面）
①將線拉緊到符合衣服本體的尺寸以抽出皺褶
貼邊用網紗（表面）
裙子（表面）

4 ※ 後中心線的縫製

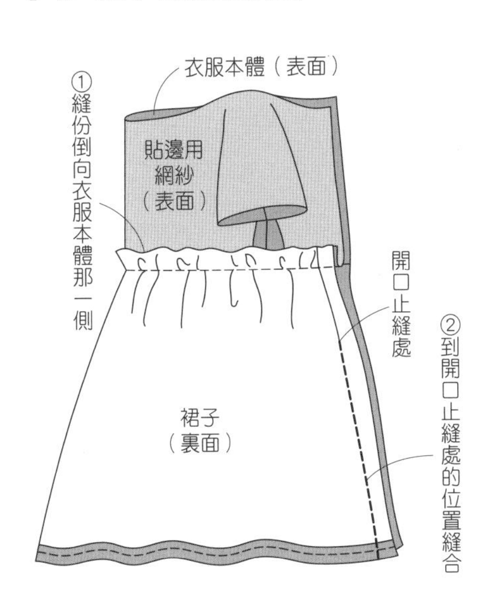

衣服本體（表面）
①縫份倒向衣服本體那一側
貼邊用網紗（表面）
開口止縫處
②到開口止縫處的位置縫合
裙子（裏面）

5 ※ 魔術貼的安裝

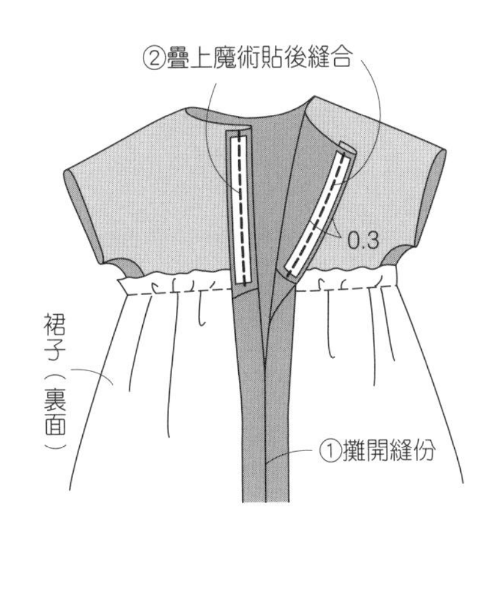

②疊上魔術貼後縫合
0.3
裙子（裏面）
①攤開縫份

6 ※ 製作完成

前面
約11

後面

11實物大紙型

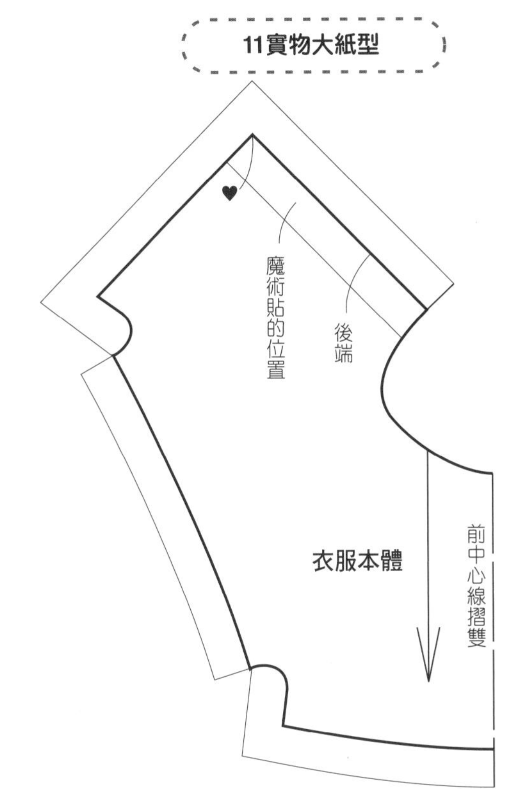

魔術貼的位置
後端
衣服本體
前中心線摺雙

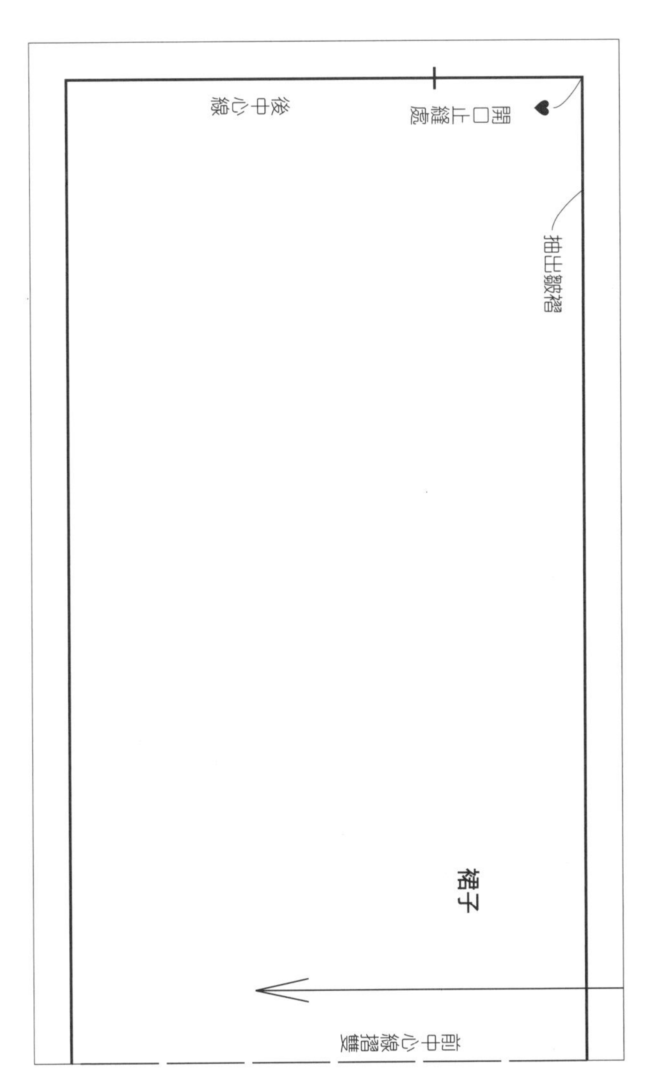

後中心線
開口止縫處
抽出皺褶
裙子
前中心線摺雙

9頁 12

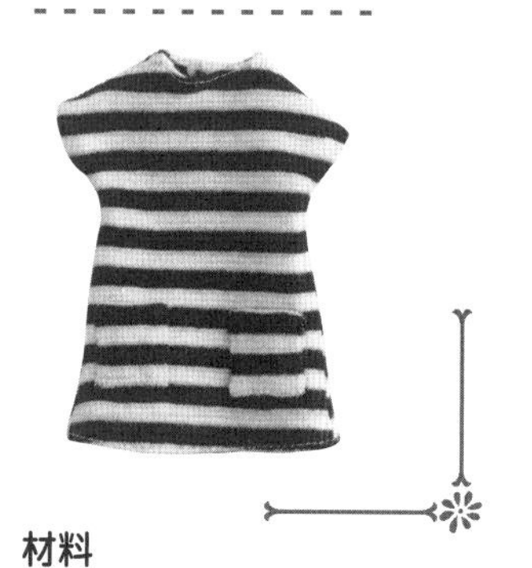

材料

・表布（棉）30cm寬 15cm
・魔術貼 0.5cm寬 10cm

準備配件

★後片、前片、口袋的實物大紙型在45頁。

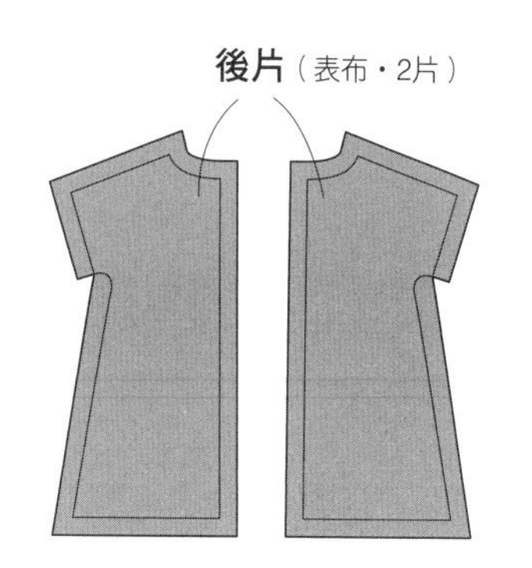
後片（表布・2片）

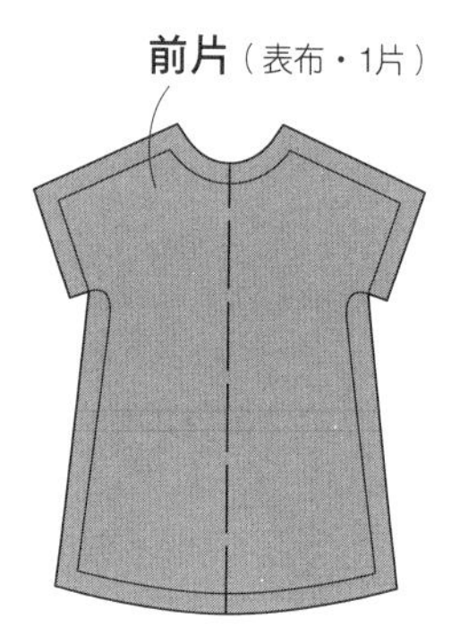
前片（表布・1片）

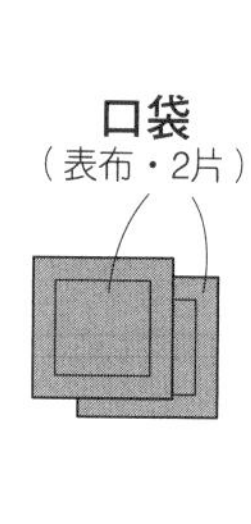
口袋
（表布・2片）

製作方法

※全部配件的布邊塗抹止綻液再開始縫製。

1 ※ 肩線的縫製

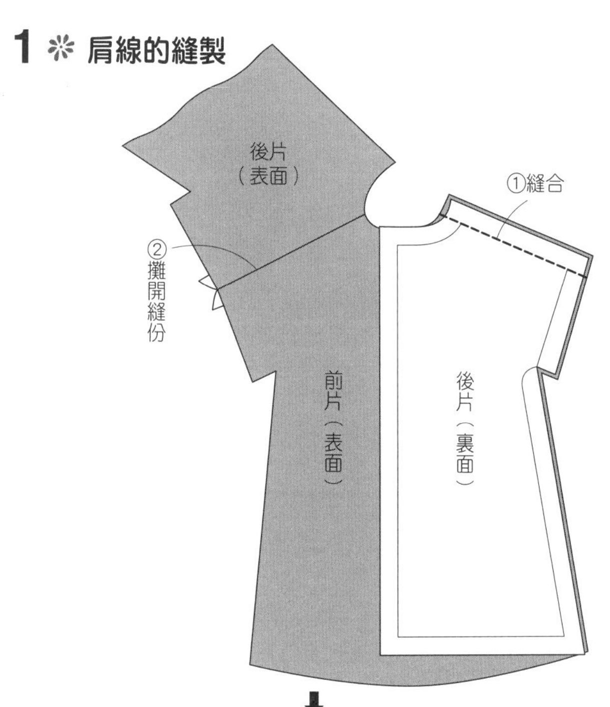
後片（表面）
①縫合
②攤開縫份
前片（表面）
後片（裏面）

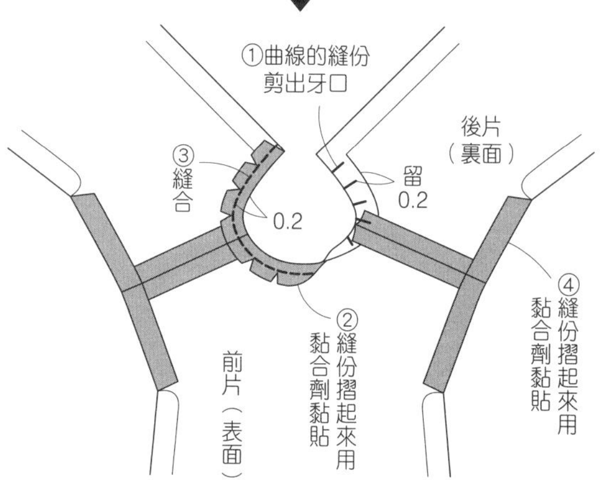
①曲線的縫份剪出牙口
後片（裏面）
③縫合
留0.2
0.2
④縫份摺起來用黏合劑黏貼
②縫份摺起來用黏合劑黏貼
前片（表面）

2 ※ 脇線的縫製

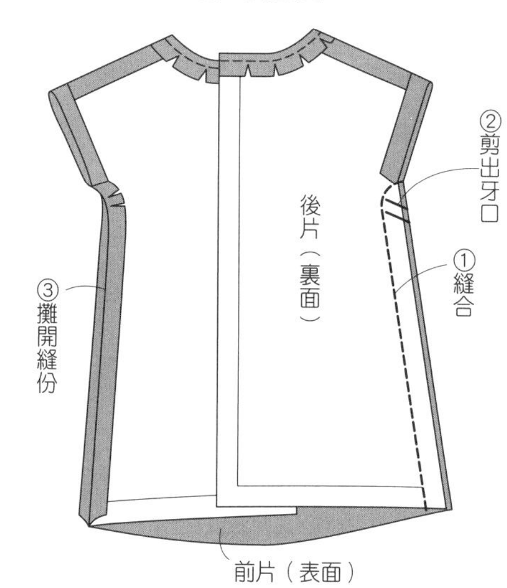
②剪出牙口
①縫合
③攤開縫份
後片（裏面）
前片（表面）

3 ※ 下襬線的縫製

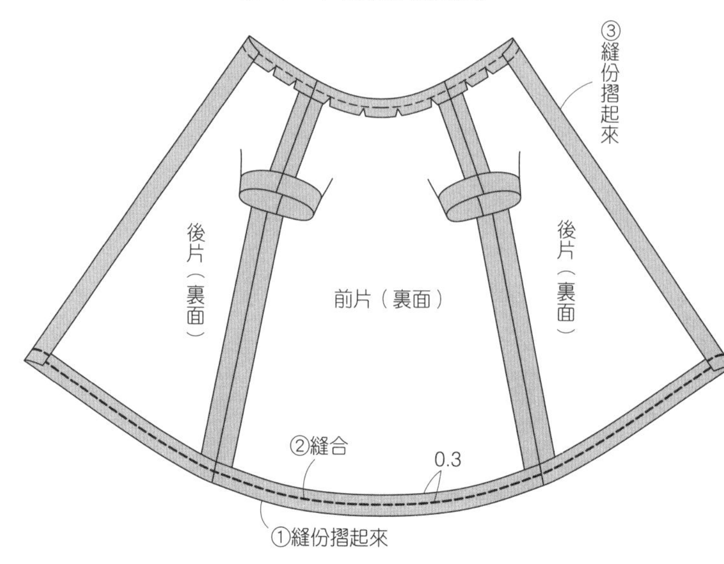
③縫份摺起來
後片（裏面）
前片（裏面）
後片（裏面）
②縫合
0.3
①縫份摺起來

4 ❊ 魔術貼的安裝

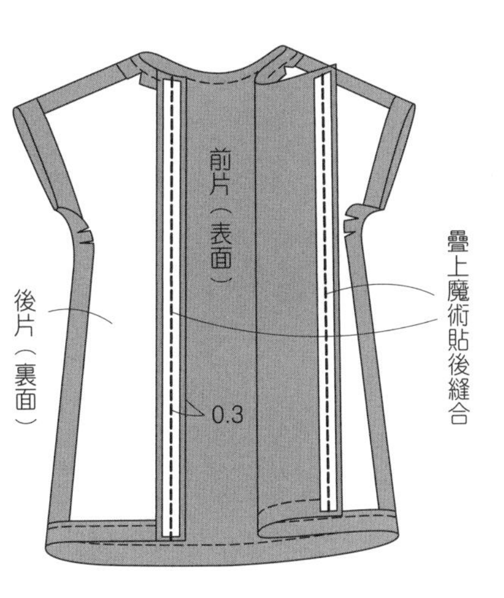

前片（表面）
後片（裏面）
0.3
疊上魔術貼後縫合

5 ❊ 口袋的製作、連接

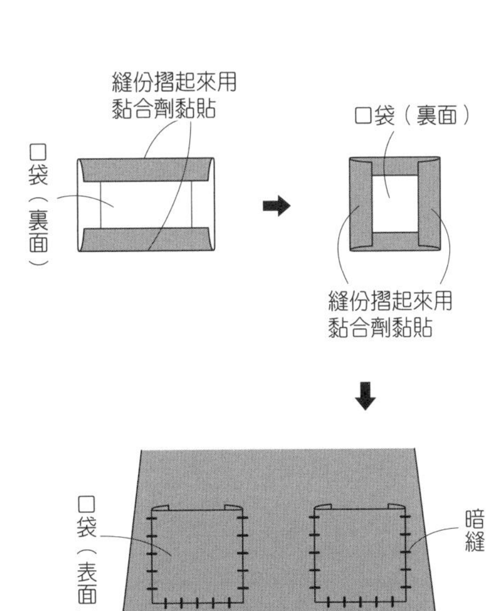

縫份摺起來用
黏合劑黏貼
口袋（裏面）
口袋（裏面）
縫份摺起來用
黏合劑黏貼
口袋（表面）
暗縫
前片（表面）

6 ❊ 製作完成

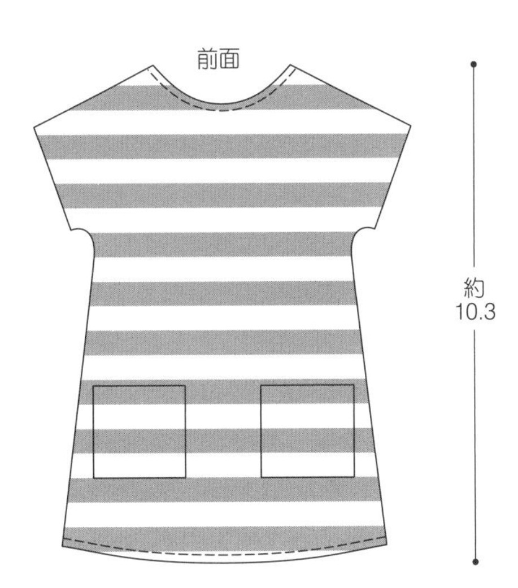

前面
約
10.3

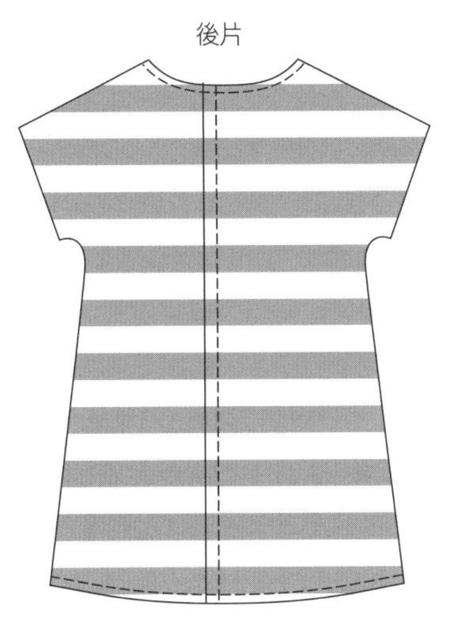

後片

12實物大紙型

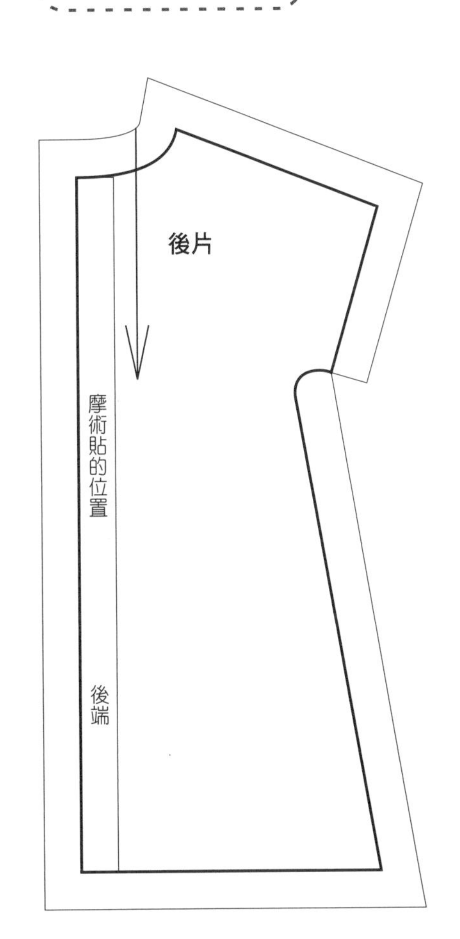

後片
摩術貼的位置
後端

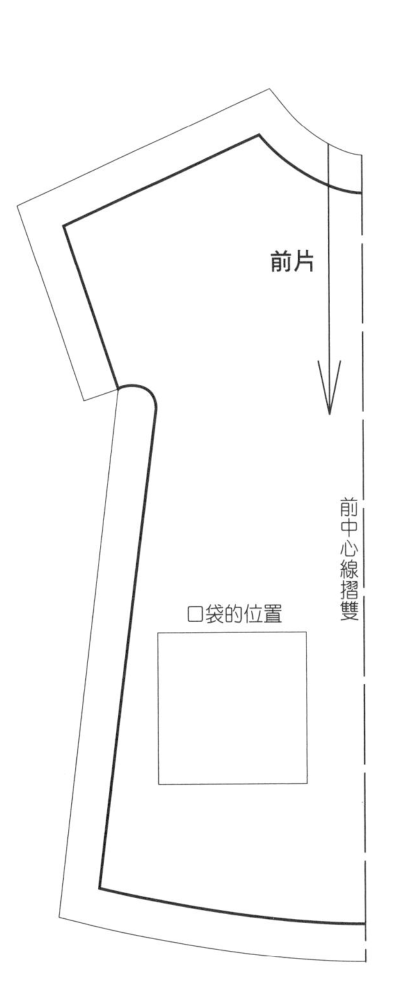

前片
前中心線摺雙
口袋的位置

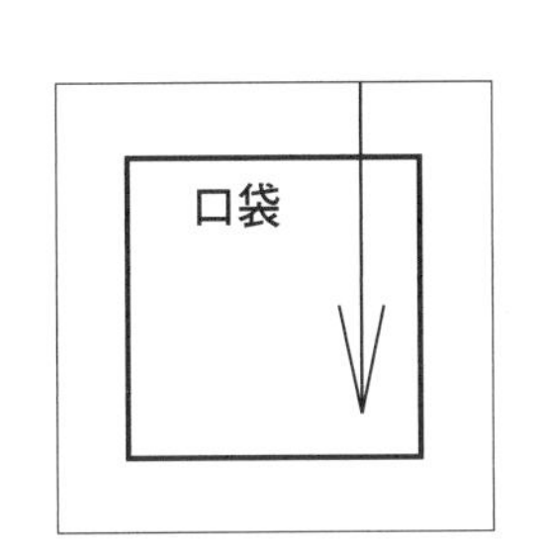

口袋

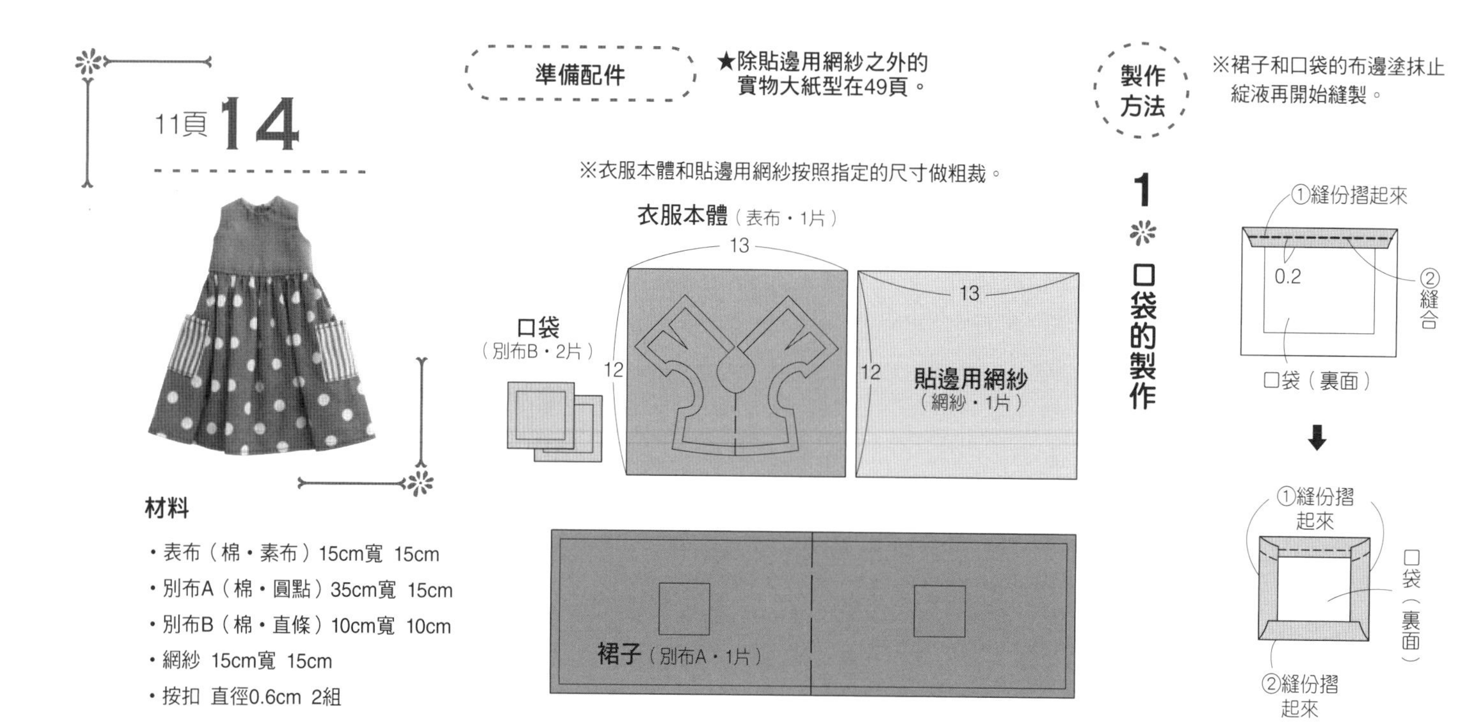

11頁 14
準備配件
★除貼邊用網紗之外的
實物大紙型在49頁。
※衣服本體和貼邊用網紗按照指定的尺寸做粗裁。
衣服本體（表布・1片）
13
12
13
12
口袋
（別布B・2片）
貼邊用網紗
（網紗・1片）
裙子（別布A・1片）
製作方法
※裙子和口袋的布邊塗抹止
綻液再開始縫製。
1 ※ 口袋的製作
①縫份摺起來
0.2
②縫合
口袋（裏面）
①縫份摺
起來
口袋（裏面）
②縫份摺
起來

材料

- 表布（棉・素布）15cm寬 15cm
- 別布A（棉・圓點）35cm寬 15cm
- 別布B（棉・直條）10cm寬 10cm
- 網紗 15cm寬 15cm
- 按扣 直徑0.6cm 2組

2 ※ 衣服和貼邊的連接、褶子縫製

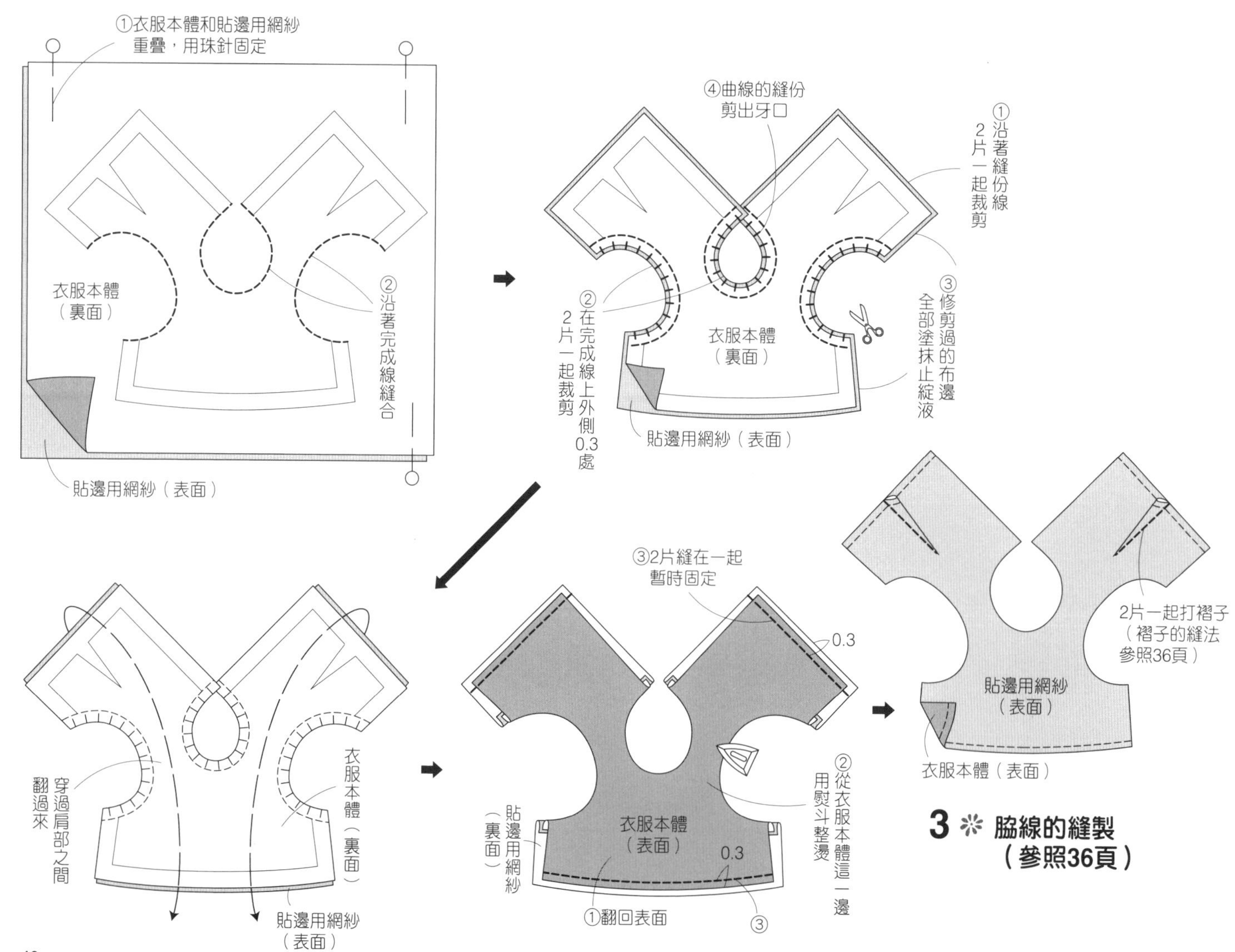

①衣服本體和貼邊用網紗
重疊，用珠針固定
衣服本體
（裏面）
②沿著完成線縫合
貼邊用網紗（表面）
④曲線的縫份
剪出牙口
①沿著縫份線2片一起裁剪
②在完成線上外側0.3處2片一起裁剪
衣服本體
（裏面）
③修剪過的布邊全部塗抹止綻液
貼邊用網紗（表面）
穿過肩部之間翻過來
衣服本體（裏面）
貼邊用網紗
（表面）
③2片縫在一起
暫時固定
0.3
②從衣服本體這一邊用熨斗整燙
貼邊用網紗（裏面）
衣服本體
（表面）
0.3
①翻回表面
③
2片一起打褶子
（褶子的縫法
參照36頁）
貼邊用網紗
（表面）
衣服本體（表面）

3 ※ 脇線的縫製（參照36頁）

4 ❊ 裙子的製作、和衣服本體的縫合

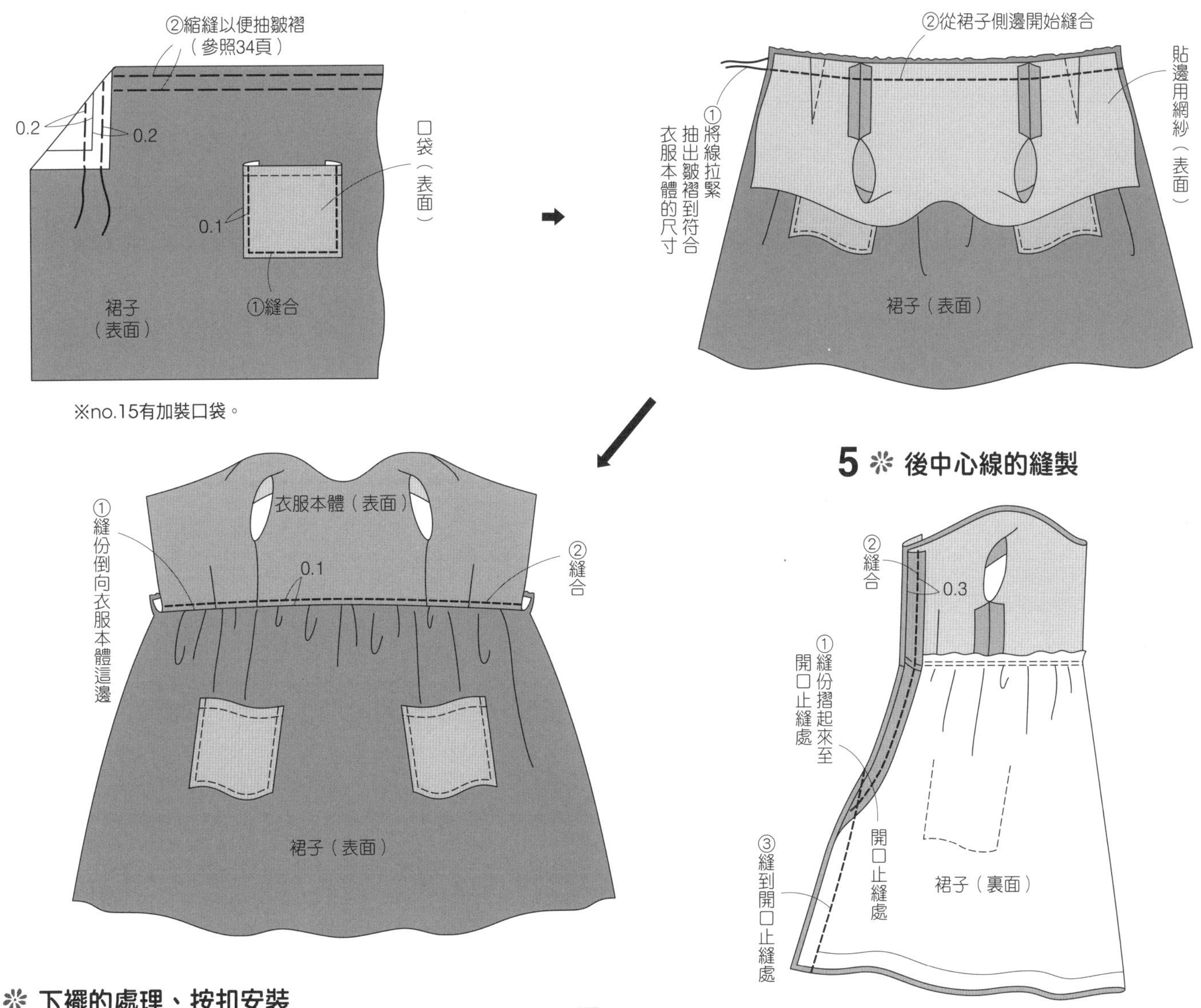

②縮縫以便抽皺褶
（參照34頁）
0.2
0.2
口袋（表面）
0.1
①縫合
裙子
（表面）
※no.15有加裝口袋。
②從裙子側邊開始縫合
①將線拉緊
抽出皺褶到符合
衣服本體的尺寸
貼邊用網紗（表面）
裙子（表面）
衣服本體（表面）
①縫份倒向衣服本體這邊
0.1
②縫合
裙子（表面）
②縫合
0.3
①縫份摺起來至開口止縫處
開口止縫處
③縫到開口止縫處
裙子（裏面）

5 ❊ 後中心線的縫製

6 ❊ 下襬的處理、按扣安裝

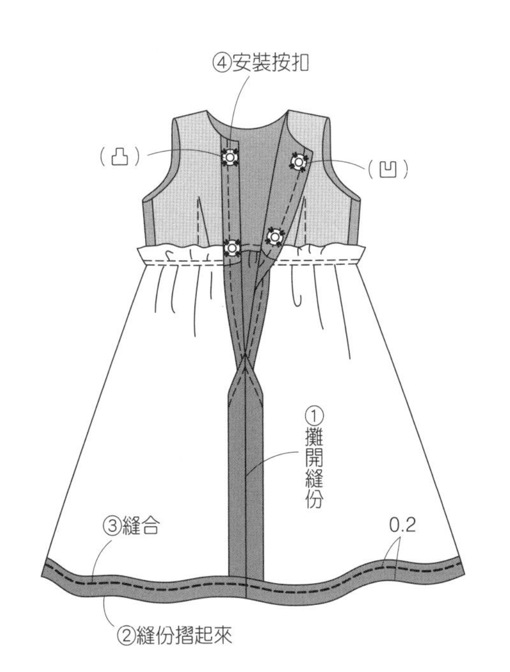

④安裝按扣
（凸）
（凹）
①攤開縫份
③縫合
0.2
②縫份摺起來

7 ❊ 製作完成

前面
後面
約
12.5

14頁 22

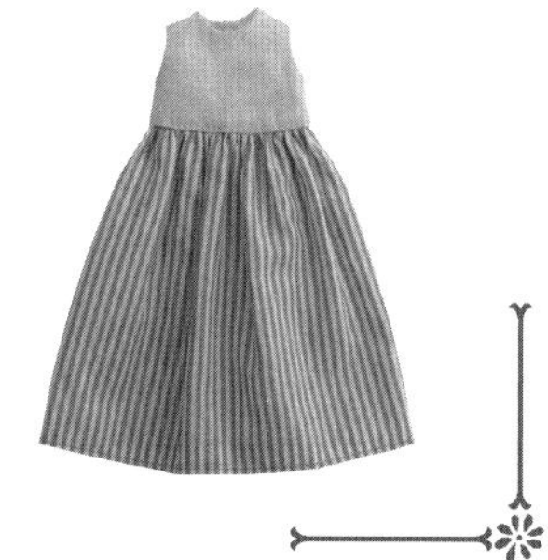

材料

- 表布（棉・素布）15cm寬 15cm
- 別布（棉・直條）30cm寬 15cm
- 網紗 15cm寬 15cm
- 按扣 直徑0.6cm 2組

製作方法

※製作方法參照46頁。

準備配件

★除貼邊用網紗之外的實物大紙型在49頁。

※衣服本體和貼邊用網紗按照指定的尺寸做粗裁。

衣服本體（表布・1片）

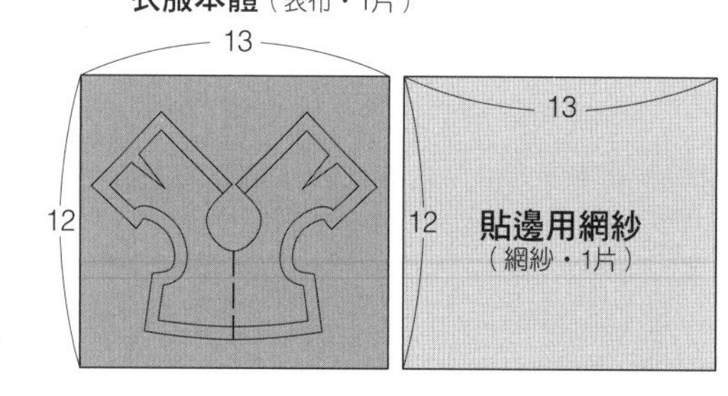
13
12
13
12
貼邊用網紗
（網紗・1片）

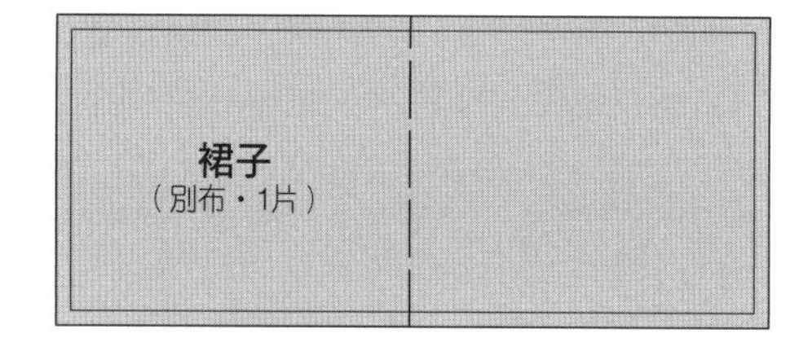
裙子
（別布・1片）

前面
約14

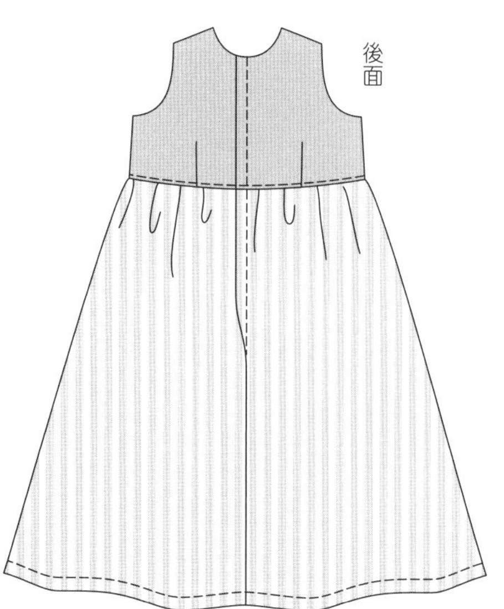
後面

8頁 10

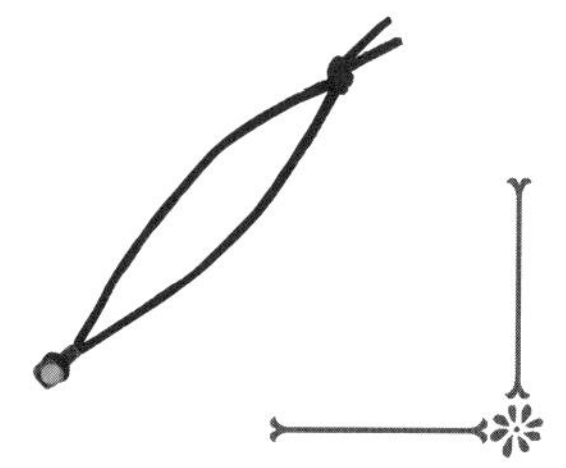

材料

- 帶子0.2cm寬 20cm
- 金屬珠A 0.4cm 1個
- 金屬珠B 0.2cm 1個

製作方法

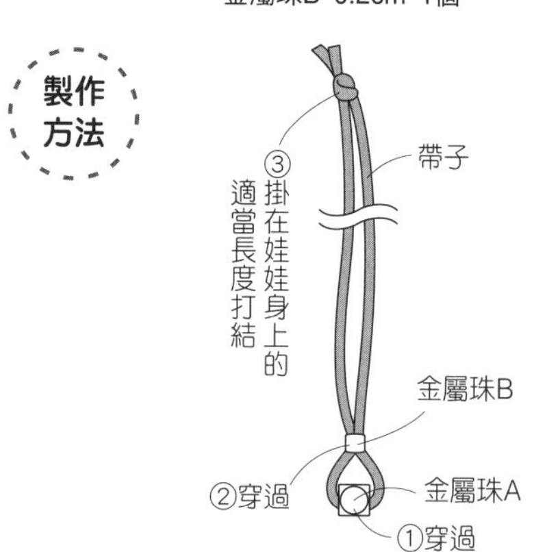
③掛在娃娃身上的適當長度打結
帶子
金屬珠B
②穿過
金屬珠A
①穿過

16頁 23

材料

- 墜飾 1個
- 圓形彈簧扣 1個
- C圈 0.2cm 2個
- 鍊子 10cm

製作方法

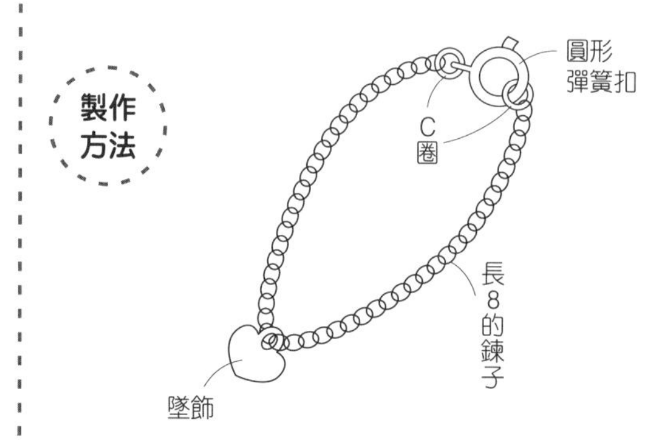
圓形彈簧扣
C圈
長8的鍊子
墜飾

14・22實物大紙型

14口袋

後中心線

開口止縫處

22裙子

抽皺褶

前中心線摺雙

後中心線

衣服本體

前中心線摺雙

抽皺褶

開口止縫處

口袋的位置

14裙子

前中心線摺雙

後中心線

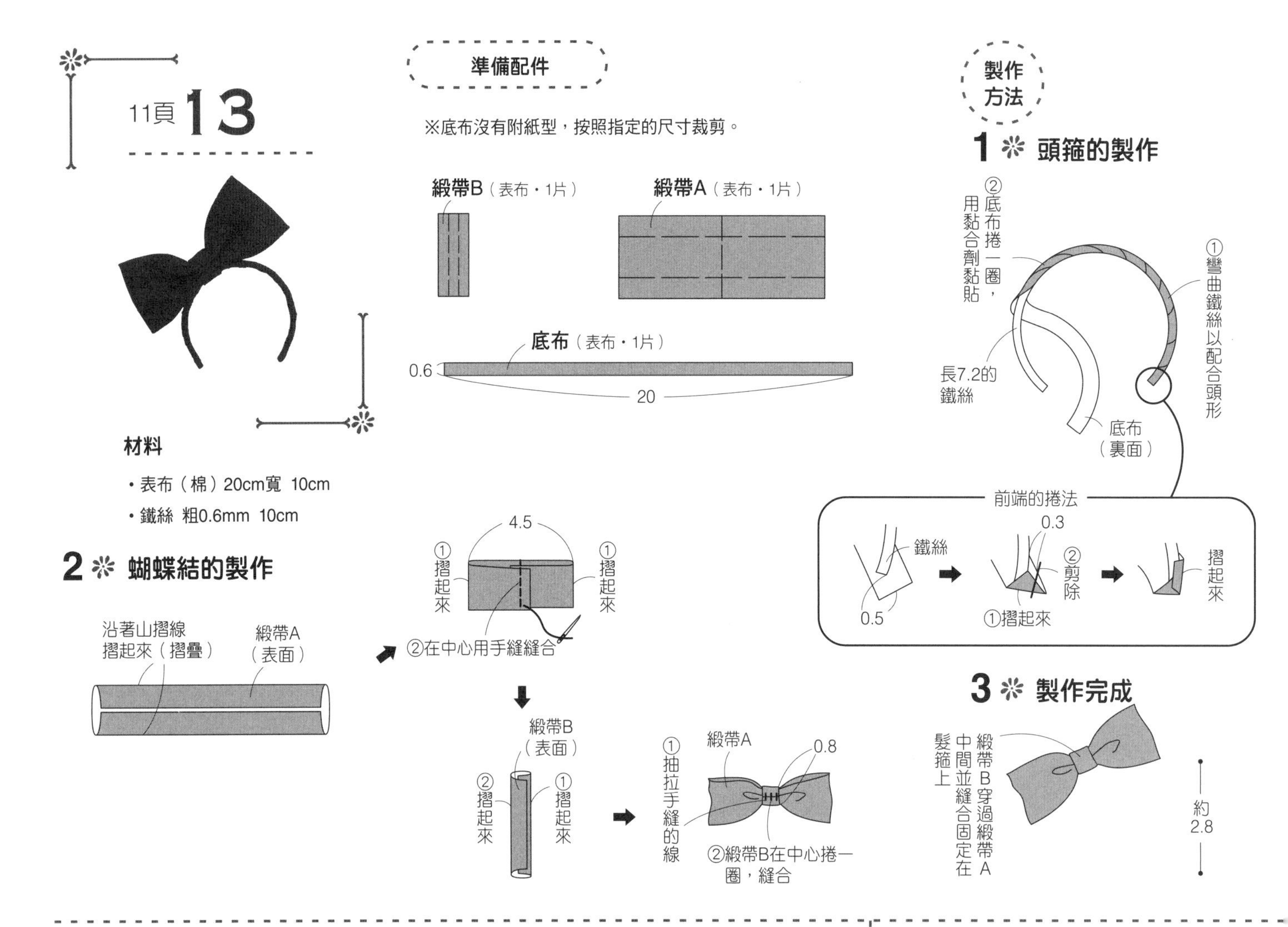

11頁 13
準備配件
※底布沒有附紙型，按照指定的尺寸裁剪。
緞帶B（表布・1片）
緞帶A（表布・1片）
底布（表布・1片）
0.6
20
材料
・表布（棉）20cm寬 10cm
・鐵絲 粗0.6mm 10cm
製作方法
1 頭箍的製作
②底布捲一圈，用黏合劑黏貼
①彎曲鐵絲以配合頭形
長7.2的鐵絲
底布（裏面）
前端的捲法
鐵絲
0.3
②剪除
0.5
①摺起來
摺起來
2 蝴蝶結的製作
沿著山摺線摺起來（摺疊）
緞帶A（表面）
4.5
①摺起來
①摺起來
②在中心用手縫縫合
緞帶B（表面）
②摺起來
①摺起來
①抽拉手縫的線
緞帶A
0.8
②緞帶B在中心捲一圈，縫合
3 製作完成
緞帶B穿過緞帶A中間並縫合固定在髮箍上
約2.8

13・16・21實物大紙型

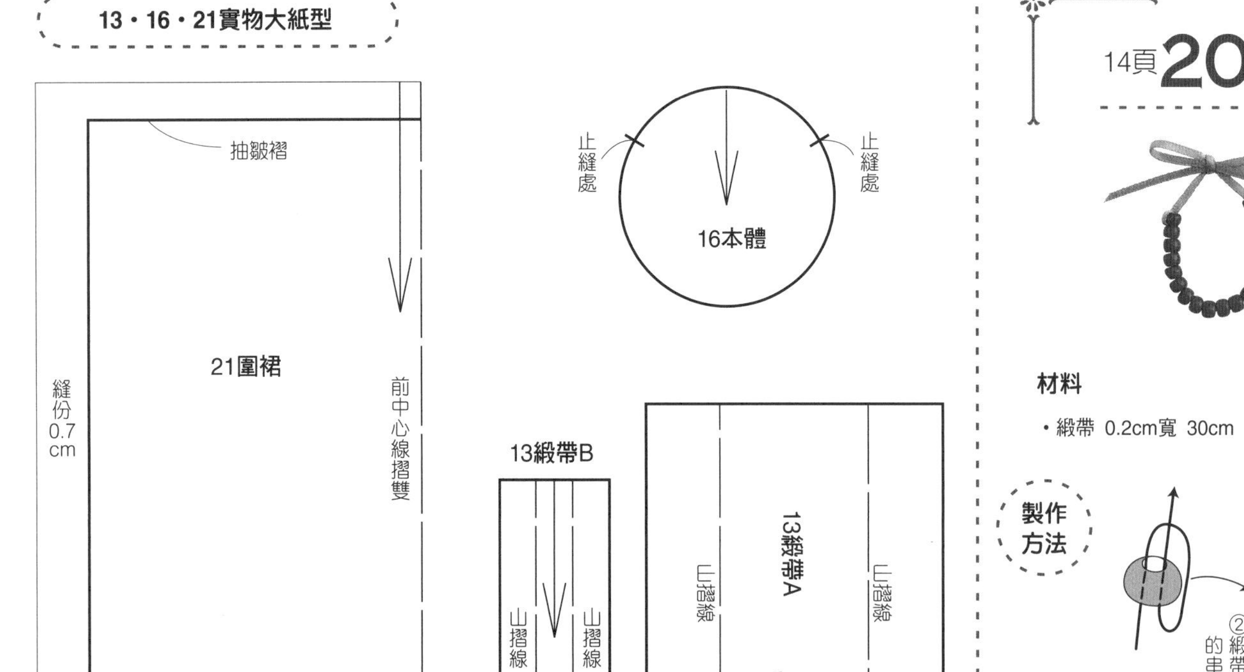

抽皺褶
21圍裙
前中心線摺雙
縫份0.7cm
縫份0.7cm
止縫處
止縫處
16本體
13緞帶B
山摺線
山摺線
13緞帶A
山摺線
山摺線
中心線摺雙

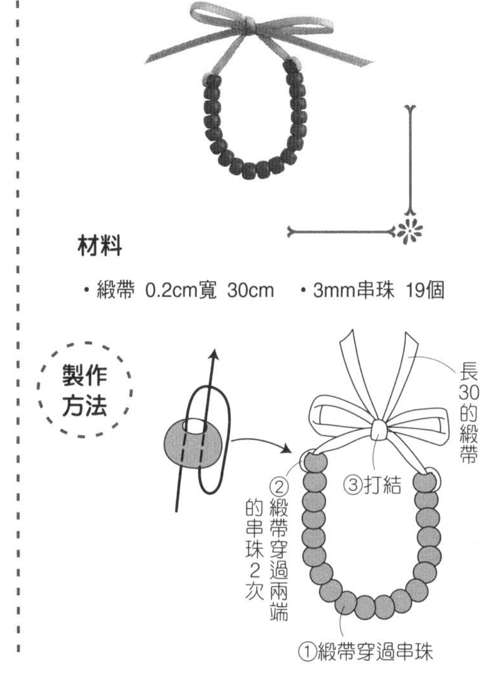

14頁 20
材料
・緞帶 0.2cm寬 30cm ・3mm串珠 19個
製作方法
長30的緞帶
③打結
②緞帶穿過兩端的串珠2次
①緞帶穿過串珠

12頁 16

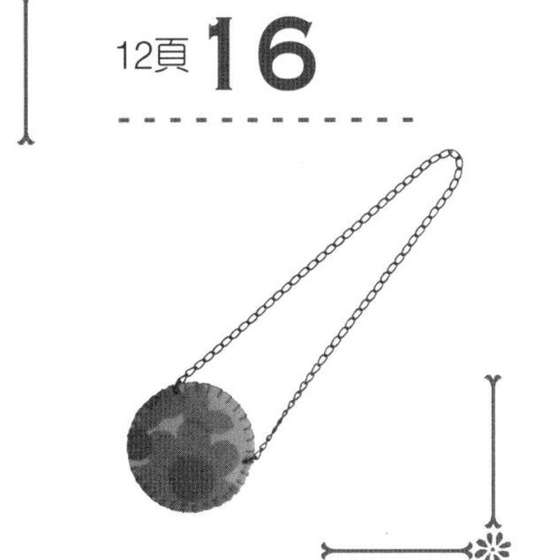

製作方法

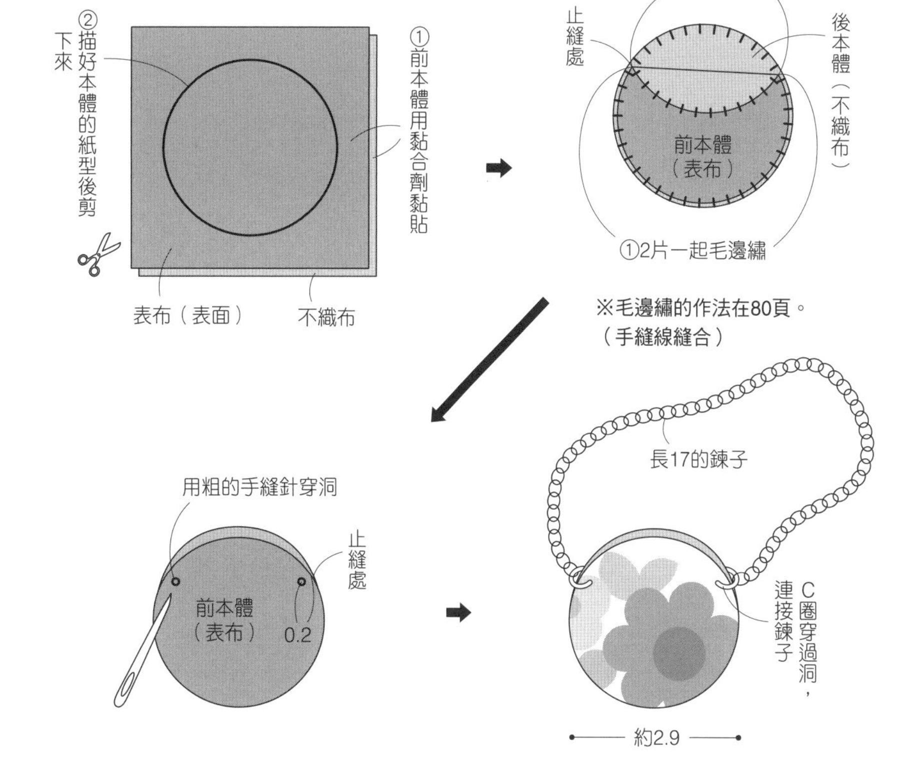

②描好本體的紙型後剪下來
①前本體用黏合劑黏貼
表布（表面）
不織布
②1片1片地毛邊繡
止縫處
後本體（不織布）
前本體（表布）
①2片一起毛邊繡
※毛邊繡的作法在80頁。（手縫線縫合）
長17的鍊子
用粗的手縫針穿洞
止縫處
前本體（表布）
0.2
C圈穿過洞，連接鍊子
約2.9

材料

- 表布（棉）5cm寬 5cm
- 不織布 5cm×10cm
- C圈 0.2cm 2個
- 鍊子 20cm

準備配件

★後本體的實物大紙型在50頁。

※前本體按照指定的尺寸做粗裁。

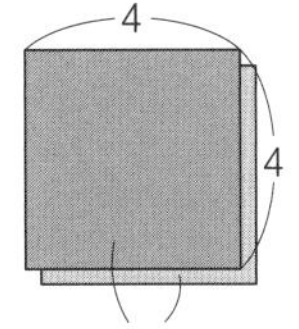

4
4

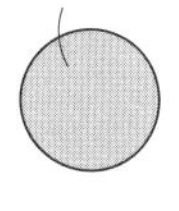

後本體（不織布・1片）

前本體（表布・不織布・各1片）

14頁 21

※全部的布邊塗上止綻液再開始縫製。

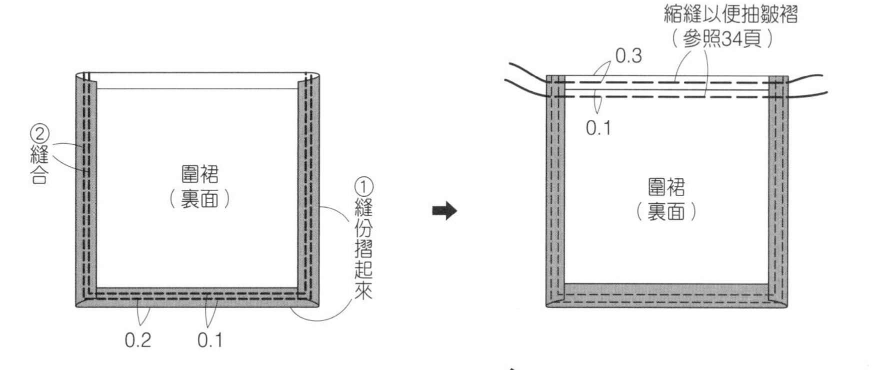

②縫合
圍裙（裏面）
①縫份摺起來
0.2
0.1
縮縫以便抽皺褶（參照34頁）
0.3
0.1
圍裙（裏面）

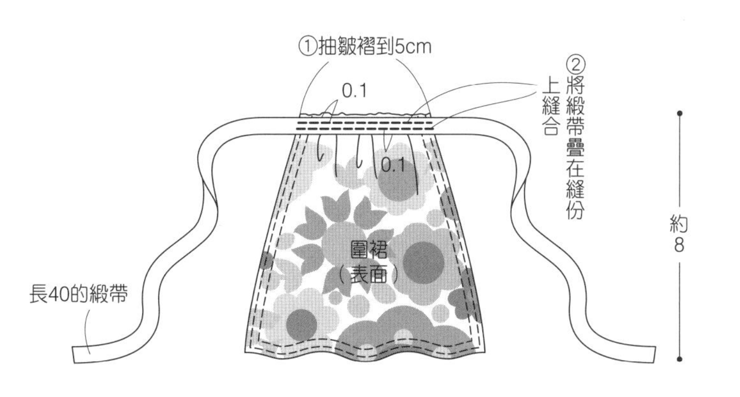

①抽皺褶到5cm
0.1
0.1
②將緞帶疊在縫份上縫合
圍裙（表面）
長40的緞帶
約8

材料

- 表布（棉）15cm寬 10cm
- 緞帶 0.5cm寬 40cm

準備配件

★圍裙的實物大紙型在50頁。

圍裙（表布・1片）

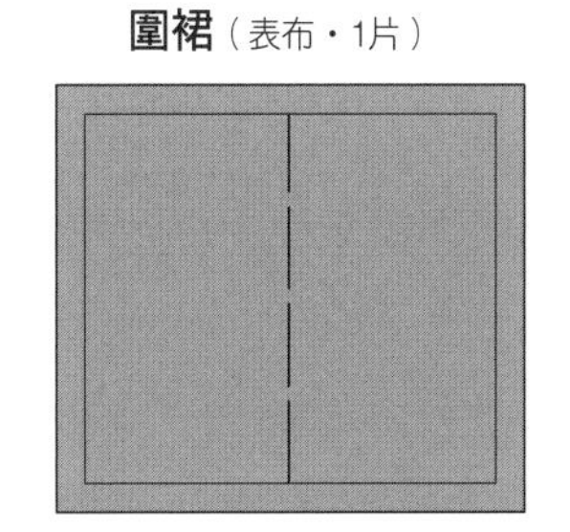

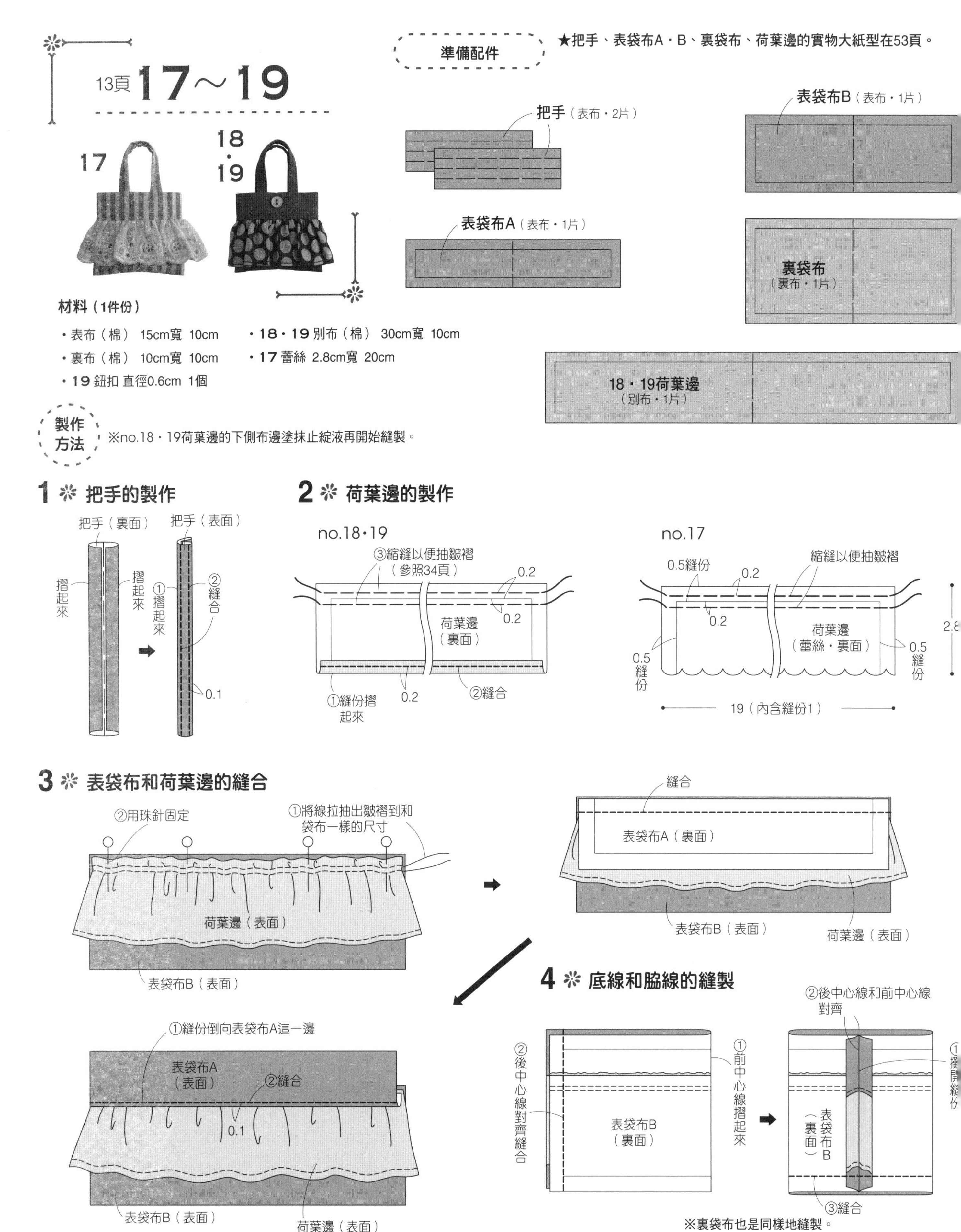
13頁 17～19
17
18・19
準備配件
★把手、表袋布A・B、裏袋布、荷葉邊的實物大紙型在53頁。
把手（表布・2片）
表袋布B（表布・1片）
表袋布A（表布・1片）
裏袋布（裏布・1片）
18・19荷葉邊（別布・1片）
材料（1件份）
・表布（棉） 15cm寬 10cm
・裏布（棉） 10cm寬 10cm
・19 鈕扣 直徑0.6cm 1個
・18・19 別布（棉） 30cm寬 10cm
・17 蕾絲 2.8cm寬 20cm
製作方法
※no.18・19荷葉邊的下側布邊塗抹止綻液再開始縫製。
1 把手的製作
把手（裏面）
把手（表面）
摺起來
摺起來
①摺起來
②縫合
0.1
2 荷葉邊的製作
no.18・19
③縮縫以便抽皺褶（參照34頁）
0.2
0.2
荷葉邊（裏面）
①縫份摺起來
0.2
②縫合
no.17
0.5縫份
0.2
縮縫以便抽皺褶
0.2
荷葉邊（蕾絲・裏面）
0.5縫份
0.5縫份
2.8
19（內含縫份1）
3 表袋布和荷葉邊的縫合
②用珠針固定
①將線拉抽出皺褶到和袋布一樣的尺寸
荷葉邊（表面）
表袋布B（表面）
縫合
表袋布A（裏面）
表袋布B（表面）
荷葉邊（表面）
①縫份倒向表袋布A這一邊
表袋布A（表面）
②縫合
0.1
表袋布B（表面）
荷葉邊（表面）
4 底線和脇線的縫製
②後中心線和前中心線對齊
②後中心線對齊縫合
①前中心線摺起來
表袋布B（裏面）
表袋布B（裏面）
①攤開縫份
③縫合
※裏袋布也是同樣地縫製。

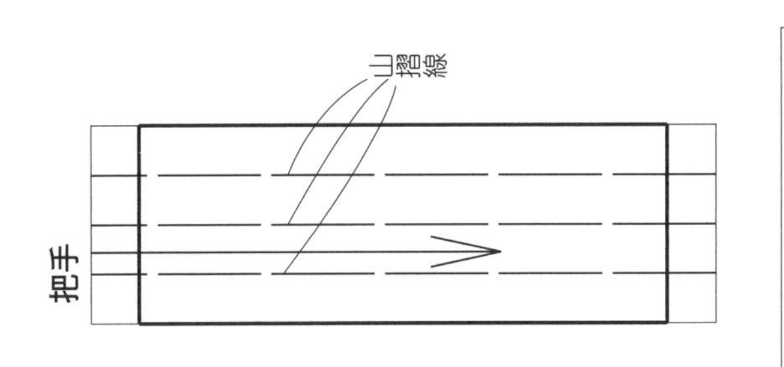
山摺線
把手

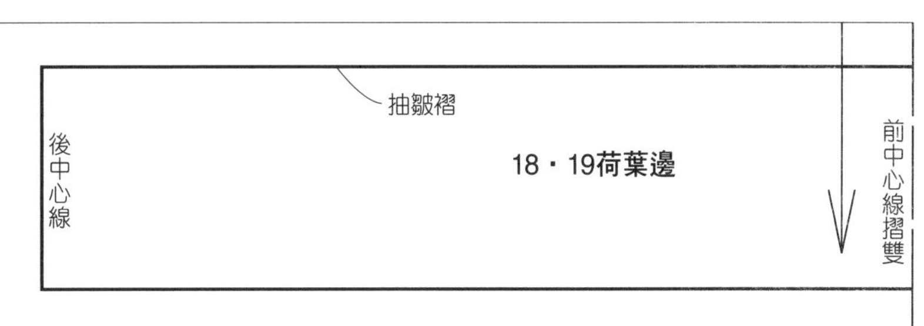
抽皺褶
後中心線
18・19荷葉邊
前中心線摺雙

29～31・40實物大紙型

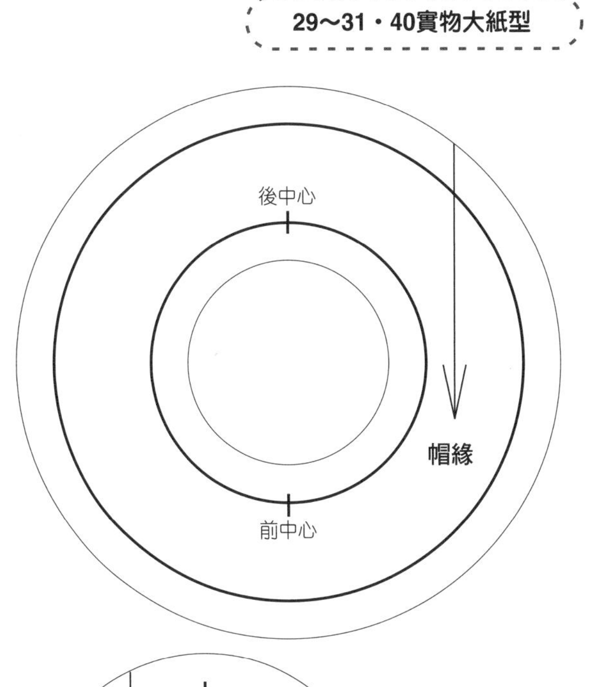
後中心
帽緣
前中心

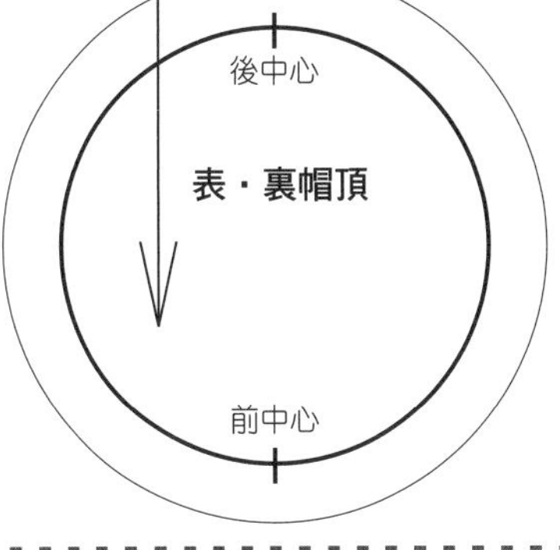
後中心
表・裏帽頂
前中心

17～19實物大紙型

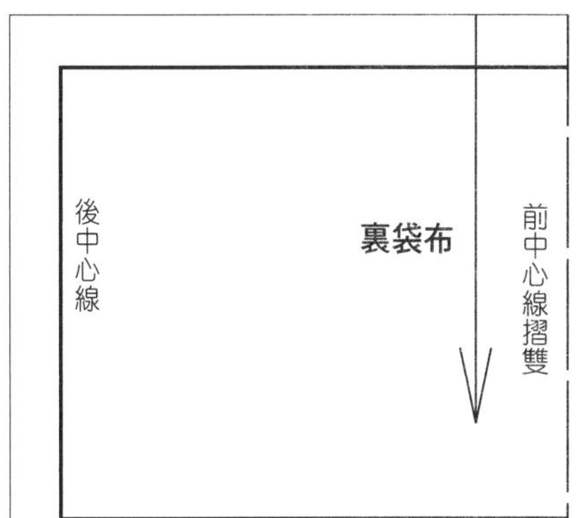
後中心線
裏袋布
前中心線摺雙

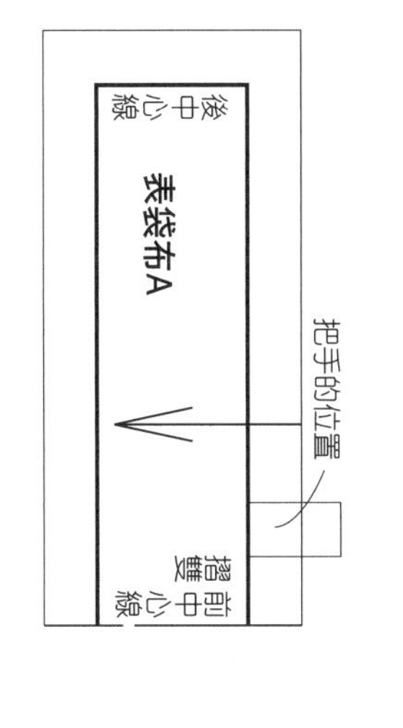
後中心線
表袋布A
把手的位置
前中心線摺雙

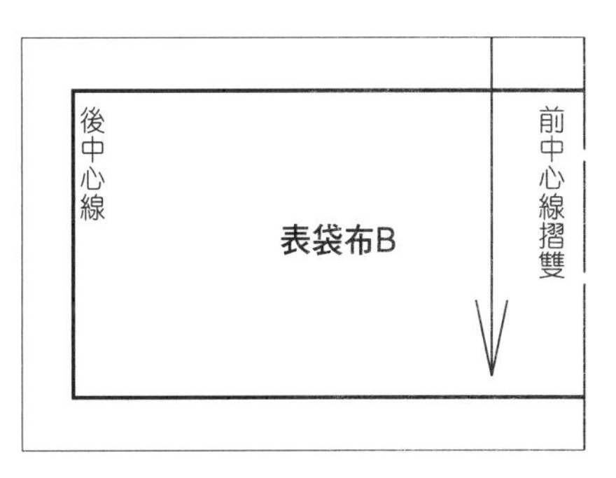
後中心線
前中心線摺雙
表袋布B

後中心線　前中心線　表・裏帽體　後中心線

5 ✻ 表袋布和裏袋布的縫合

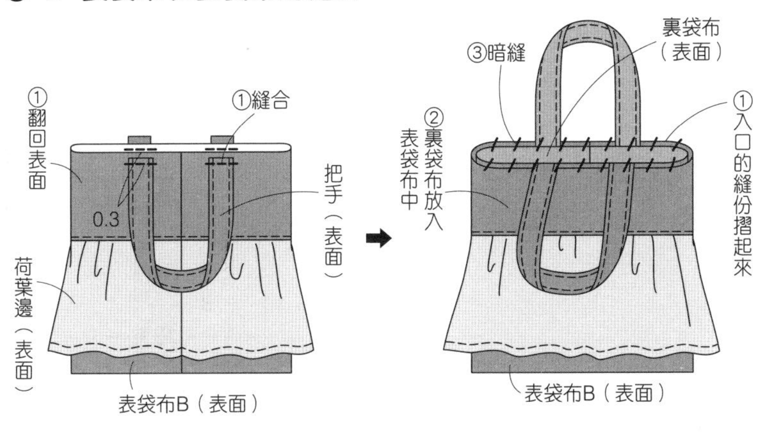
①翻回表面
①縫合
0.3
把手（表面）
荷葉邊（表面）
表袋布B（表面）
③暗縫
裏袋布（表面）
②裏袋布放入表袋布中
①入口的縫份摺起來
表袋布B（表面）

6 ✻ 製作完成

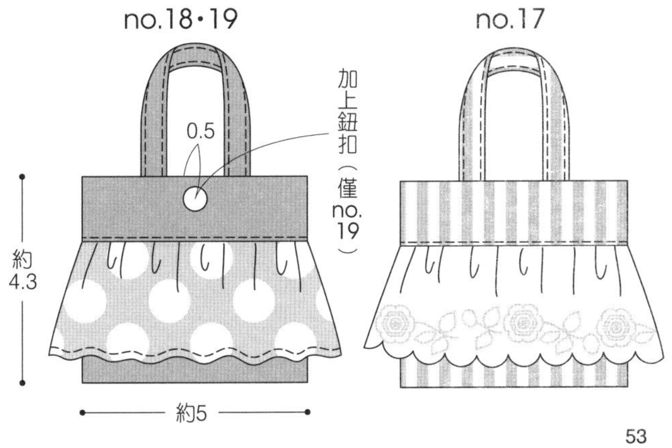
no.18・19
no.17
0.5
加上鈕扣（僅no.19）
約4.3
約5

17頁 25～27

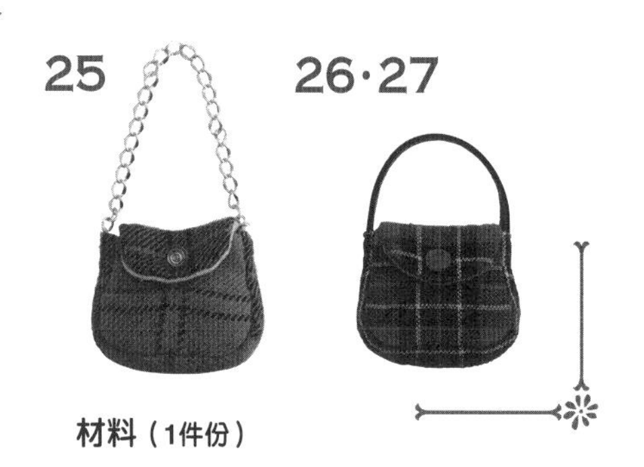
25
26・27

材料（1件份）

- 表布（羊毛） 30cm寬 10cm
- 裏布（棉） 30cm寬 10cm
- 鈕扣 直徑0.6cm 1個
- 按扣 直徑0.6cm 1組
- **25** 鍊子 10cm
- **26・27** 帶子 0.3cm寬 10cm

準備配件

★表・裏後袋布、表・裏前袋布、表・裏邊布的實物大紙型在57頁。

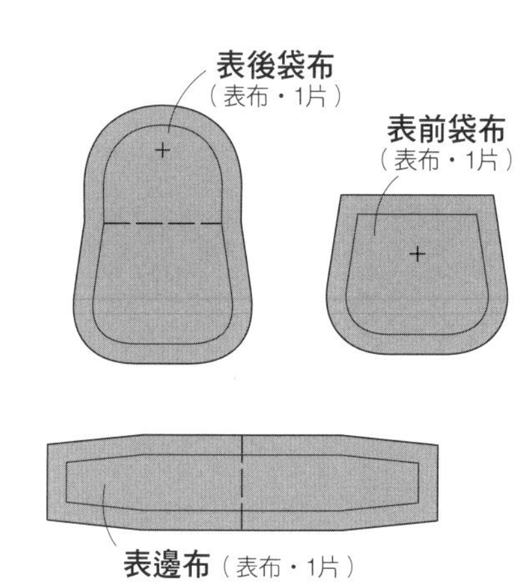
表後袋布
（表布・1片）
表前袋布
（表布・1片）
表邊布（表布・1片）

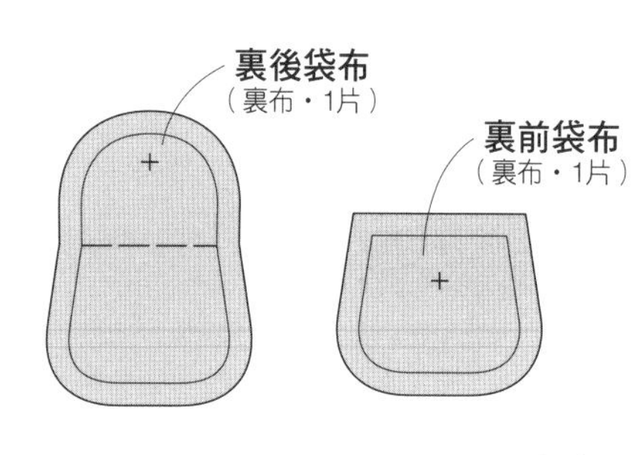
裏後袋布
（裏布・1片）
裏前袋布
（裏布・1片）

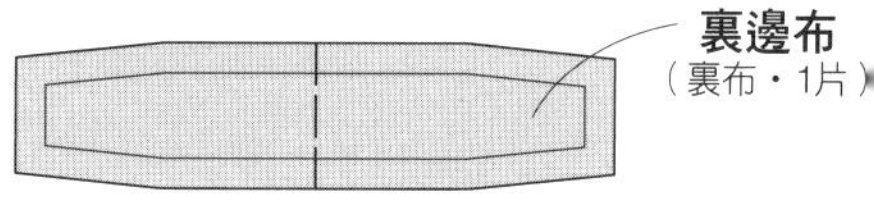
裏邊布
（裏布・1片）

製作方法 ※全部的布邊塗抹止綻液後再開始縫製。

1 袋布和邊布的縫合

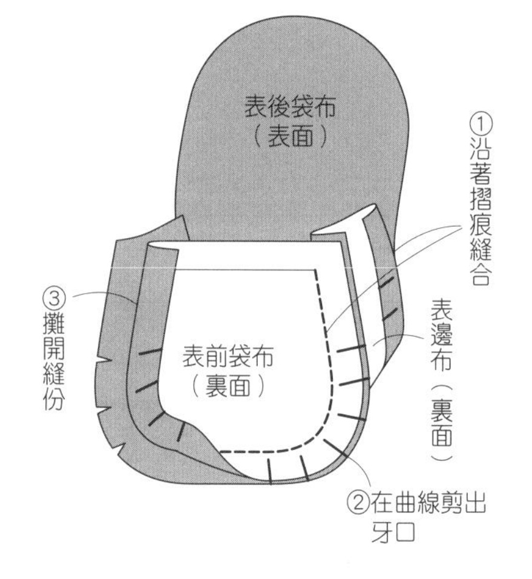
表後袋布
（表面）
①沿著摺痕縫合
③攤開縫份
表前袋布
（裏面）
表邊布（裏面）
②在曲線剪出牙口

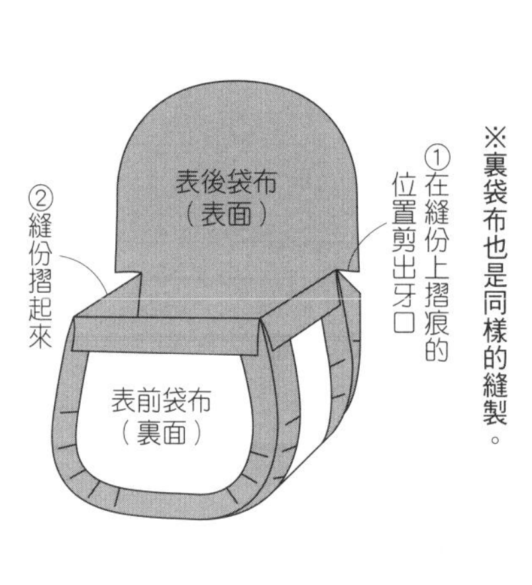
表後袋布
（表面）
②縫份摺起來
①在縫份上摺痕的位置剪出牙口
表前袋布
（裏面）
※裏袋布也是同樣的縫製。

2 表袋布和裏袋布的縫合

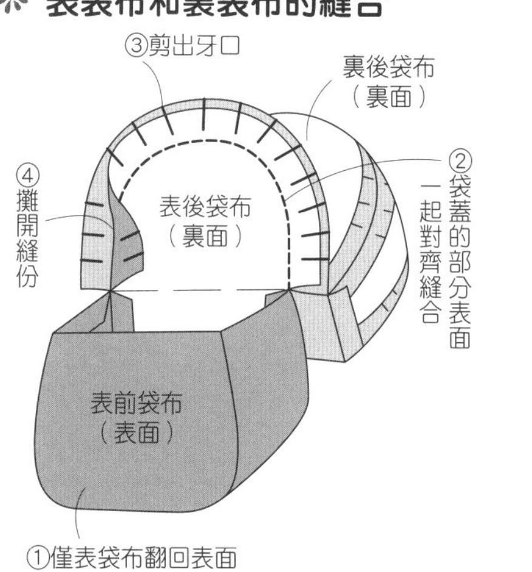
③剪出牙口
裏後袋布
（裏面）
④攤開縫份
表後袋布
（裏面）
②袋蓋的部分表面一起對齊縫合
表前袋布
（表面）
①僅表袋布翻回表面

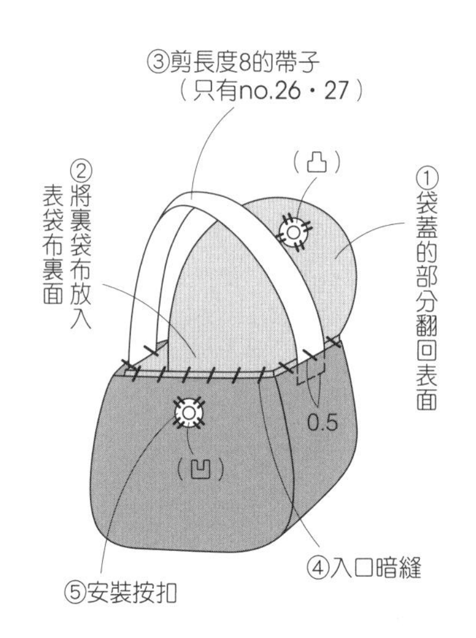
③剪長度8的帶子
（只有no.26・27）
②將裏袋布放入表袋布裏面
（凸）
①袋蓋的部分翻回表面
0.5
（凹）
④入口暗縫
⑤安裝按扣

3 製作完成

no.26・27
縫上鈕扣
約3
約3.5

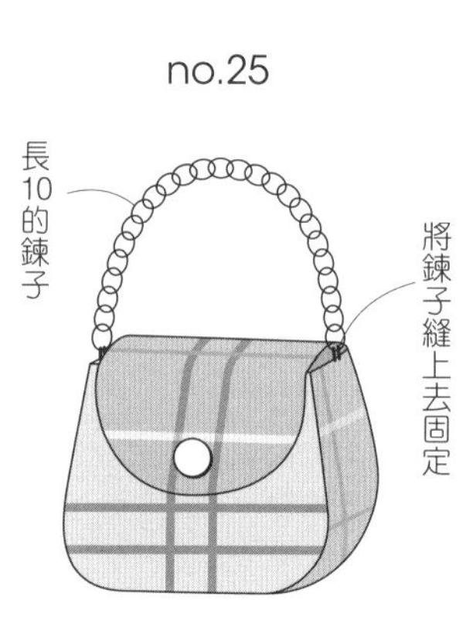
no.25
長10的鍊子
將鍊子縫上去固定

6頁 5

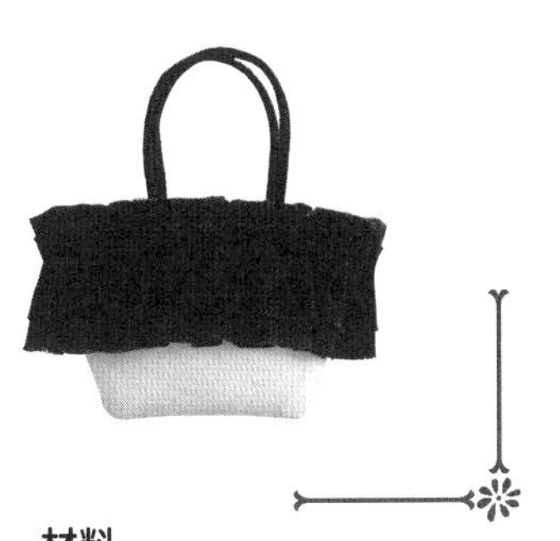

材料

- 表布（棉・白） 25cm寬 15cm
- 別布（棉・黑） 40cm寬 10cm
- 帶子 0.2cm寬 20cm

剪裁 ※荷葉邊A・B沒有附實物大紙型，按照指定的尺寸裁剪。

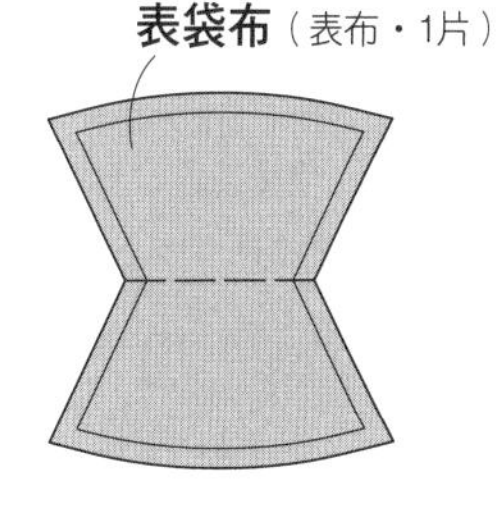
表袋布（表布・1片）

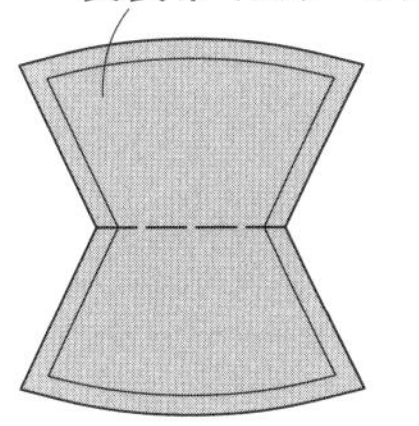
裏袋布（表布・1片）

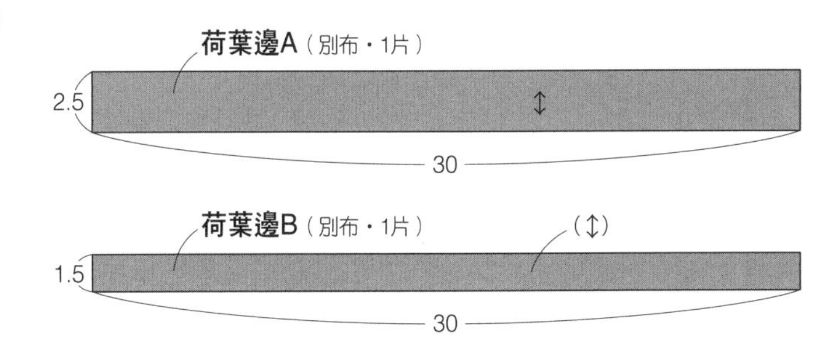
荷葉邊A（別布・1片）
2.5
30
荷葉邊B（別布・1片）
(↕)
1.5
30

製作方法

1 ※ 袋布的縫製

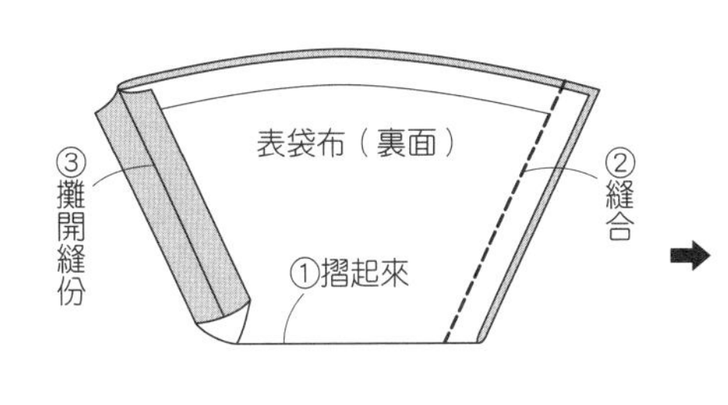
表袋布（裏面）
③攤開縫份
②縫合
①摺起來

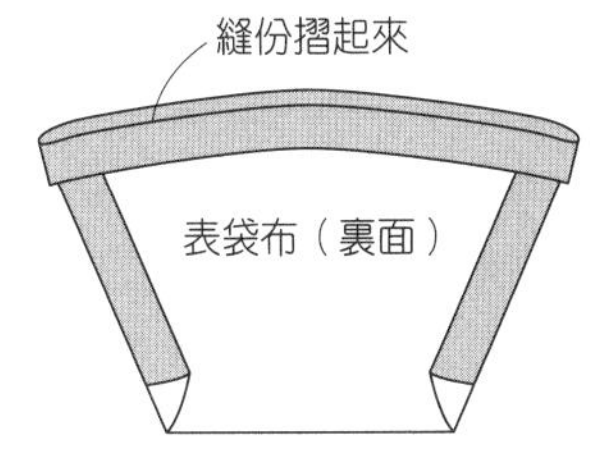
縫份摺起來
表袋布（裏面）

※裏袋布也同樣方法。

2 ※ 表袋布和裏袋布的縫合

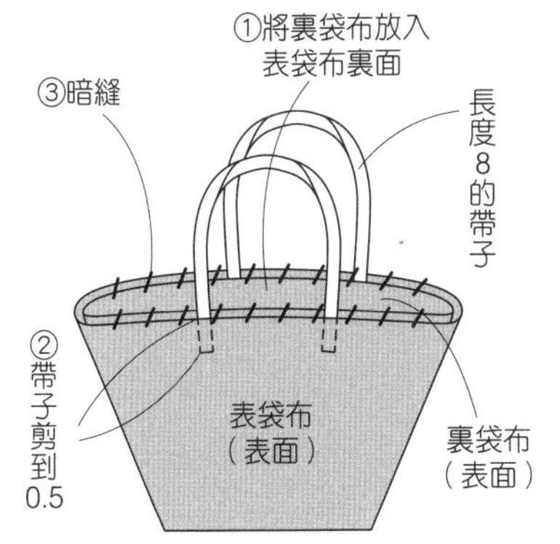
①將裏袋布放入表袋布裏面
③暗縫
長度8的帶子
②帶子剪到0.5
表袋布（表面）
裏袋布（表面）

3 ※ 荷葉邊的製作

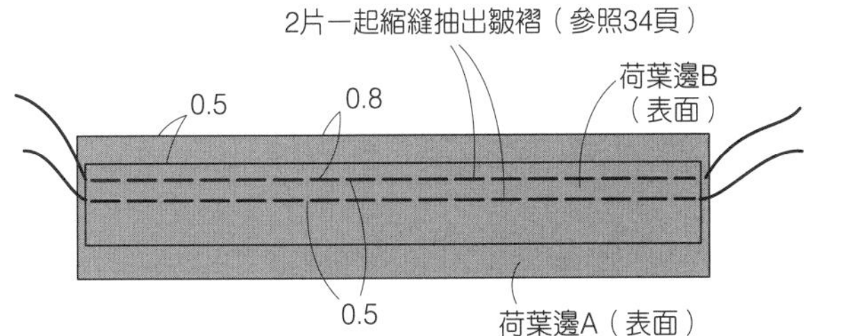
2片一起縮縫抽出皺褶（參照34頁）
0.5
0.8
荷葉邊B（表面）
0.5
荷葉邊A（表面）

4 ※ 荷葉邊的連接

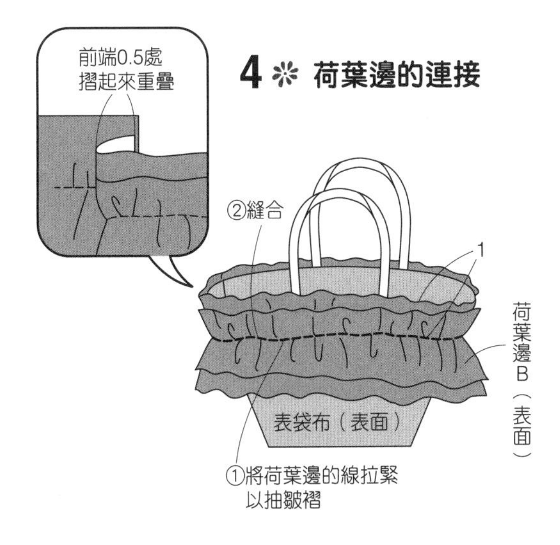
前端0.5處摺起來重疊
②縫合
1
荷葉邊B（表面）
表袋布（表面）
①將荷葉邊的線拉緊以抽皺褶

5 ※ 製作完成

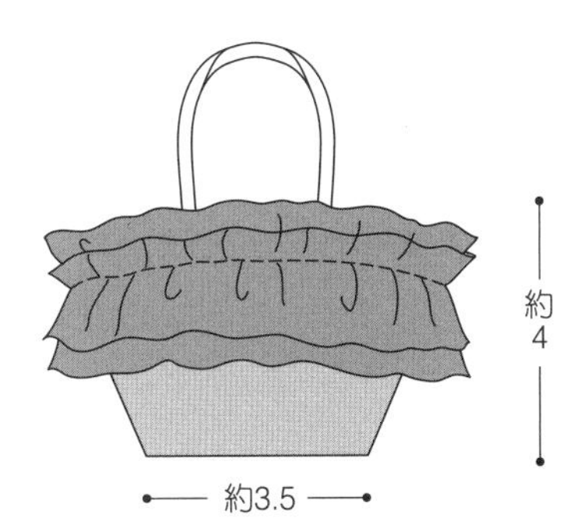
約4
約3.5

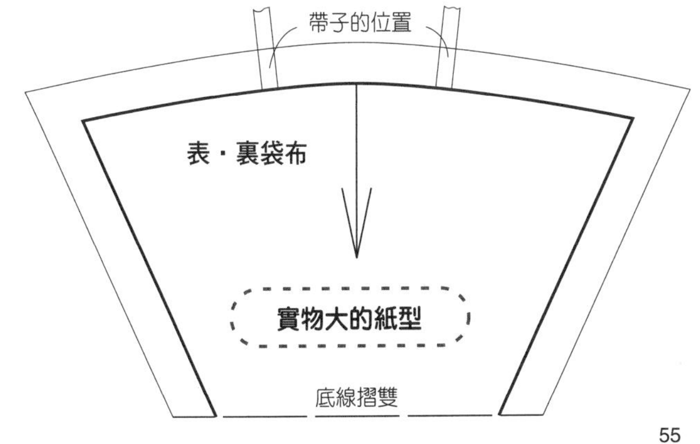
帶子的位置
表・裏袋布
實物大的紙型
底線摺雙

19頁 **32～34**

材料（1件份）

- 表布（棉）10cm寬 10cm
- 裏布（棉）10cm寬 10cm
- 迷你拉鍊 4cm 1條
- 帶子 0.3cm寬 25cm
- C圈 0.3cm 2個
- 別布（裝飾用）5cm寬 5cm

準備配件

★表・裏本體、表・裏邊布、口袋的實物大紙型在57頁。

表本體（表布・2片）

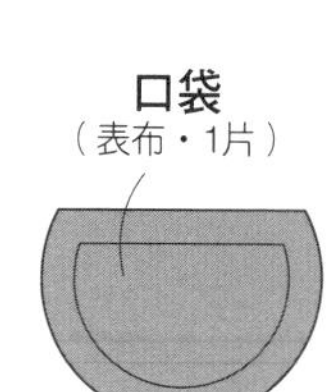

口袋
（表布・1片）

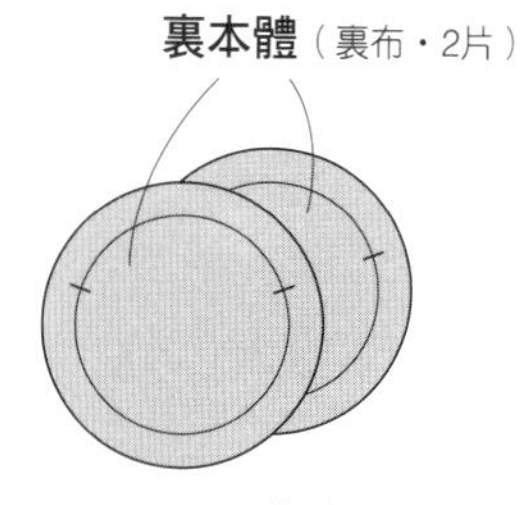

裏本體（裏布・2片）

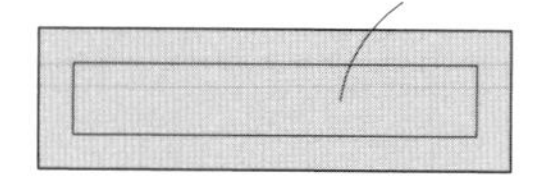

裏邊布（裏布・1片）

表邊布
（表布・1片）

拉鍊放大圖

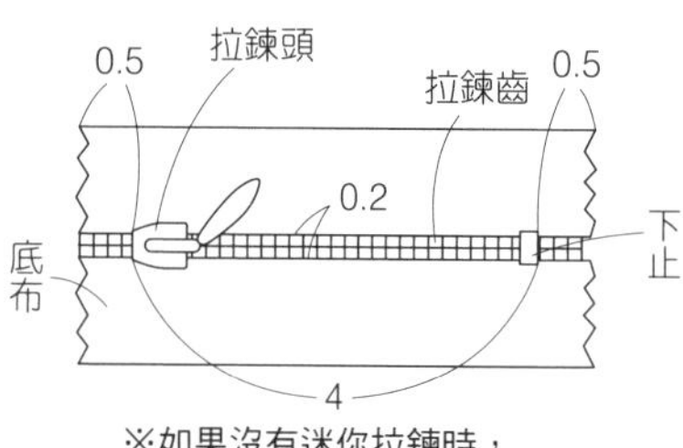

0.5
拉鍊頭
拉鍊齒
0.5
0.2
底布
下止
4

※如果沒有迷你拉鍊時，可用隱形拉鍊替代。

製作方法

※全部的布邊都塗上止綻液再開始縫製。

1 ❊ 表邊布和拉鍊的縫合

③暫時縫合固定 ②穿過2個C圈 表邊布（表面） ③ 0.3 0.3 ①長3.6的帶子摺成兩半 長17.5的帶子

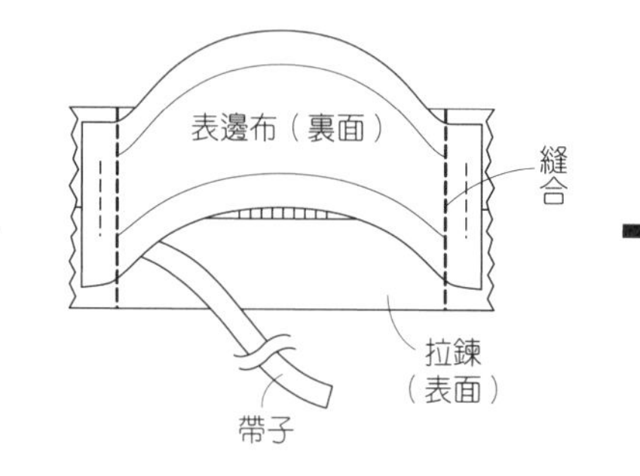

表邊布（裏面）
縫合
帶子
拉鍊
（表面）

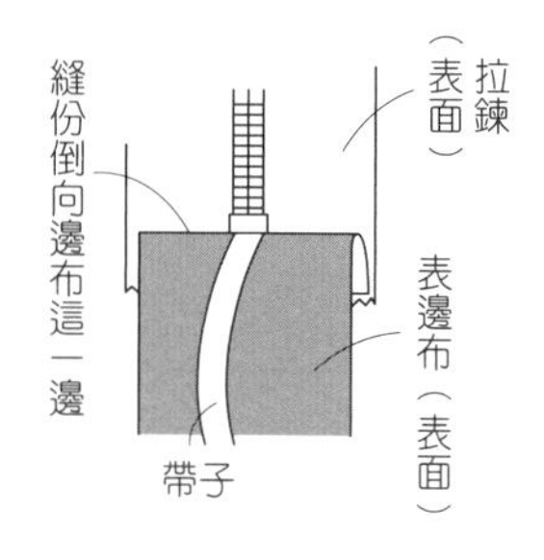

縫份倒向邊布這一邊
拉鍊（表面）
表邊布（表面）
帶子

2 ❊ 表本體和口袋的安裝

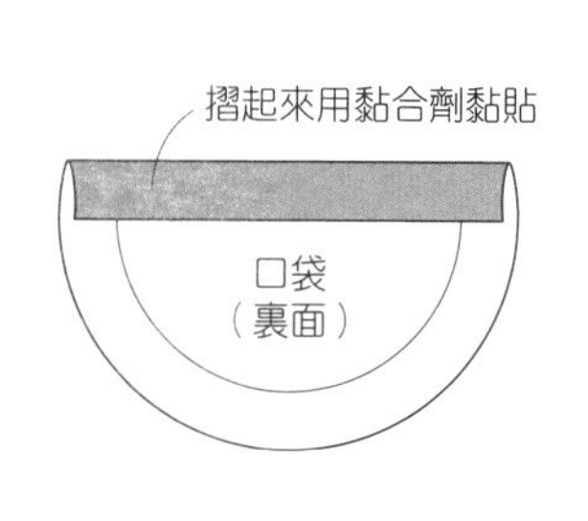

摺起來用黏合劑黏貼
口袋
（裏面）

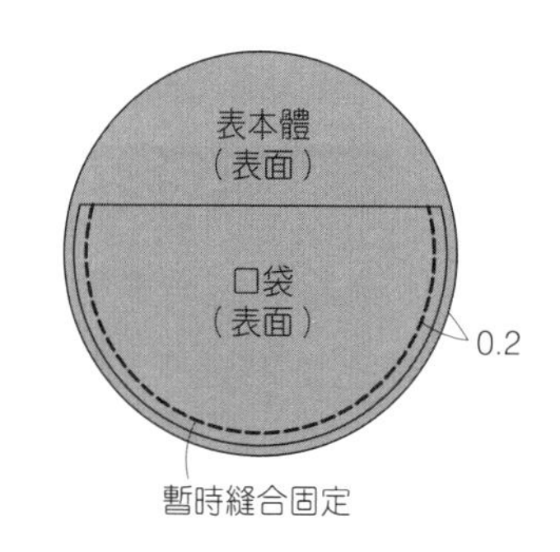

表本體
（表面）
口袋
（表面）
0.2
暫時縫合固定

3 ❊ 表本體和表邊布的縫合

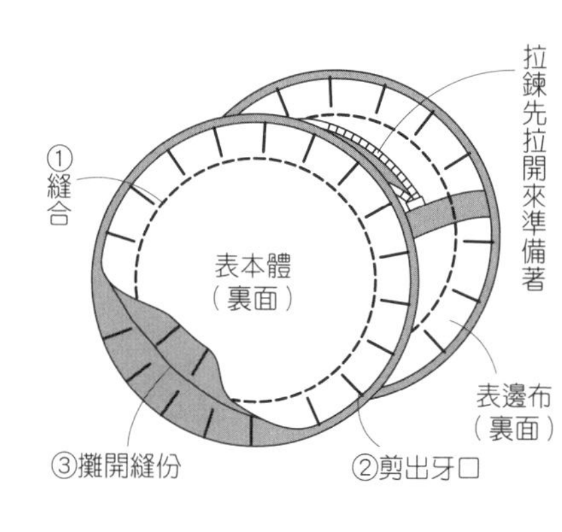

①縫合
拉鍊先拉開來準備著
表本體
（裏面）
表邊布
（裏面）
③攤開縫份
②剪出牙口

4 ❊ 裏本體和裏邊布的縫合

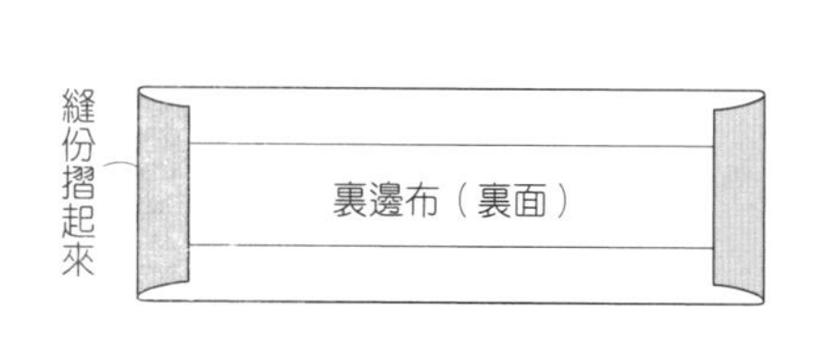

縫份摺起來
裏邊布（裏面）

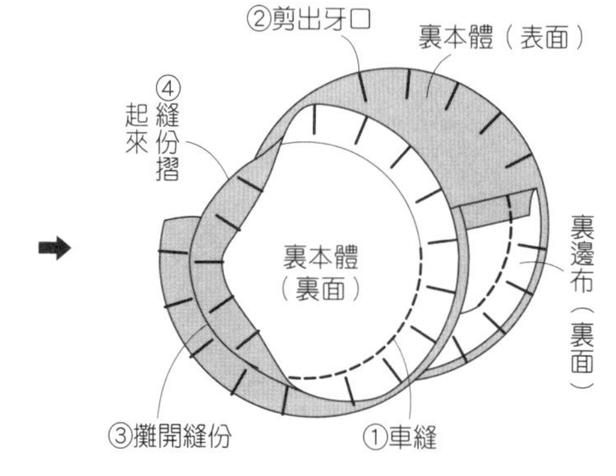

②剪出牙口
裏本體（表面）
④縫份摺起來
裏本體
（裏面）
裏邊布
（裏面）
③攤開縫份
①車縫

25～27實物大紙型

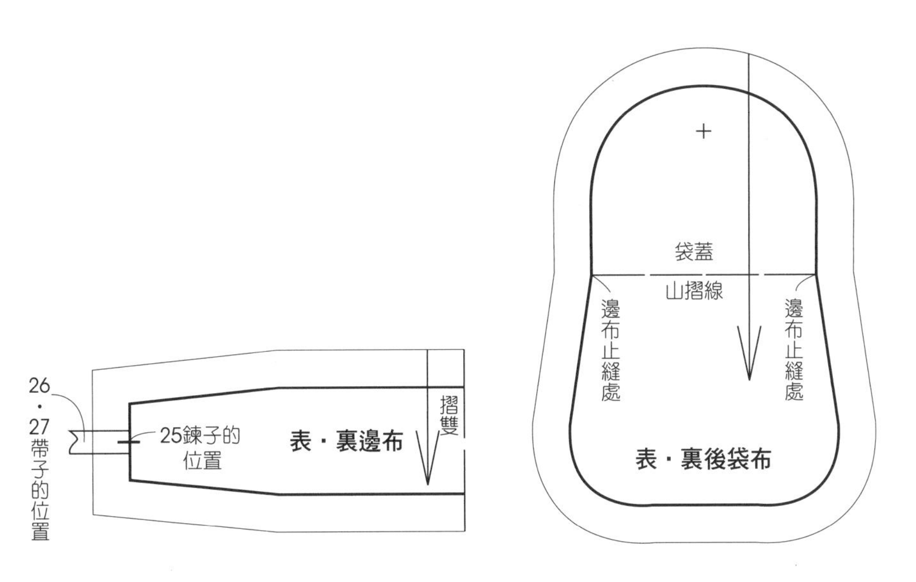

26・27帶子的位置
25鍊子的位置
表・裏邊布
摺雙
袋蓋
山摺線
邊布止縫處
邊布止縫處
表・裏後袋布

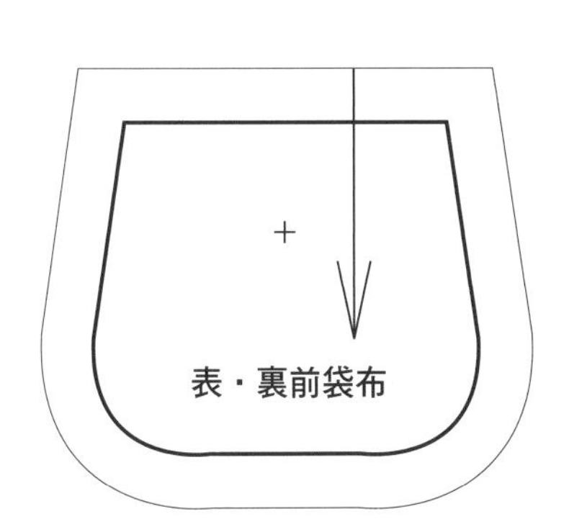

表・裏前袋布

32～34實物大紙型

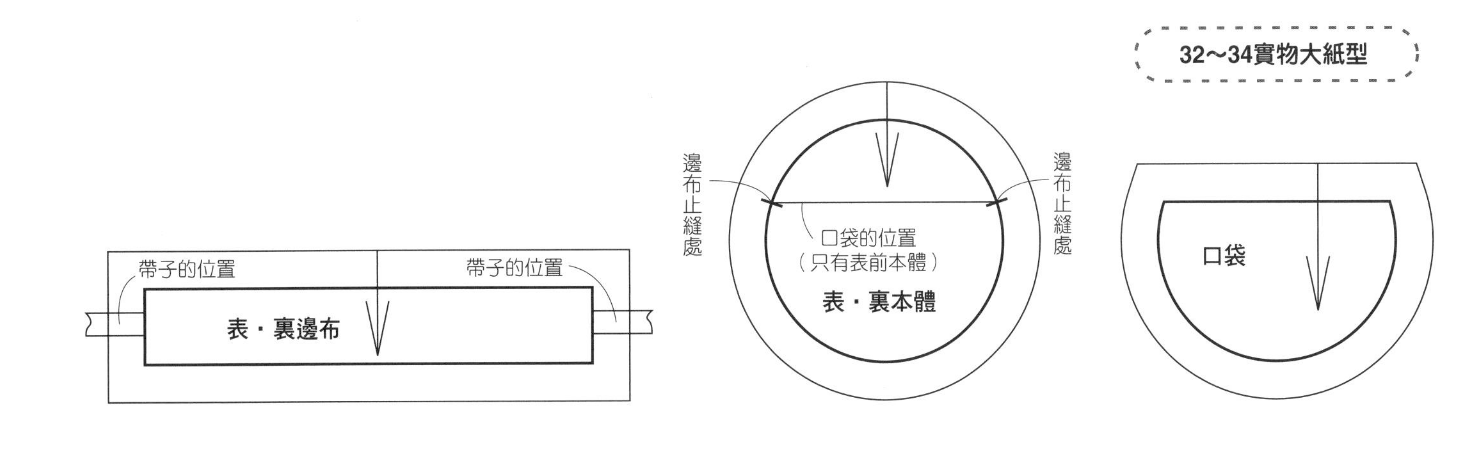

帶子的位置
帶子的位置
表・裏邊布
邊布止縫處
邊布止縫處
口袋的位置
（只有表前本體）
表・裏本體
口袋

5 ❊ 表本體和裏本體的接合

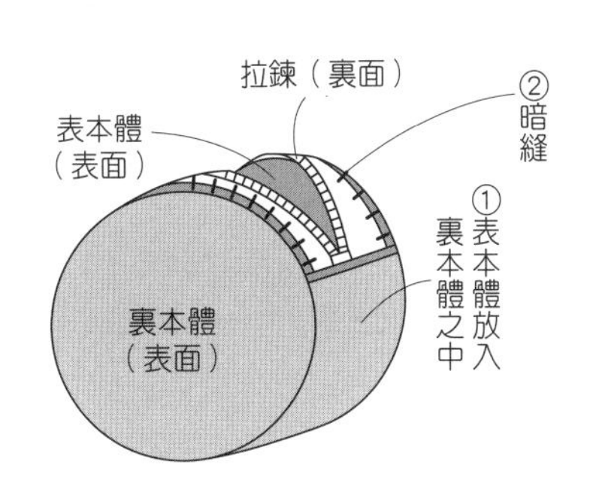

拉鍊（裏面）
表本體
（表面）
②暗縫
①表本體放入裏本體之中
裏本體
（表面）

6 ❊ 製作完成

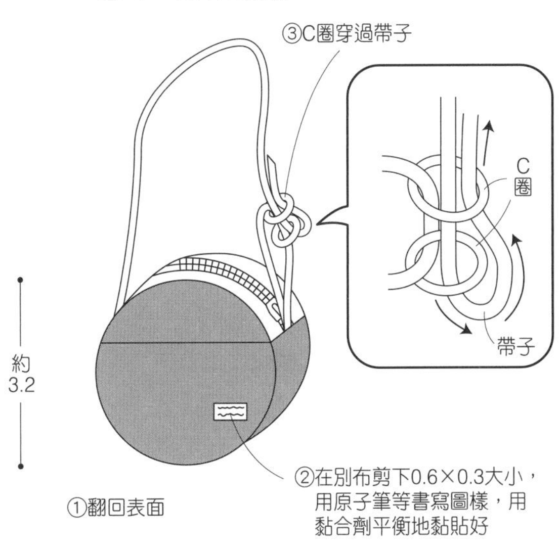

③C圈穿過帶子
C圈
帶子
約3.2
①翻回表面
②在別布剪下0.6×0.3大小，
用原子筆等書寫圖樣，用
黏合劑平衡地黏貼好

29頁50

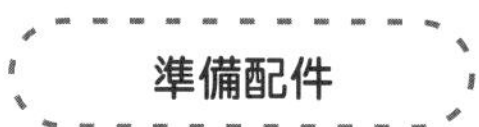
準備配件

★貼邊用網紗之外的實物大紙型在62頁。

※衣服本體和貼邊用網紗按照指定的尺寸做粗裁。

衣服本體（表布・1片）

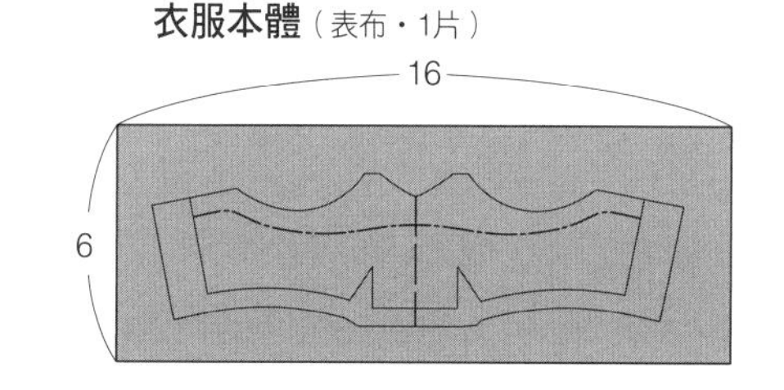
16
6

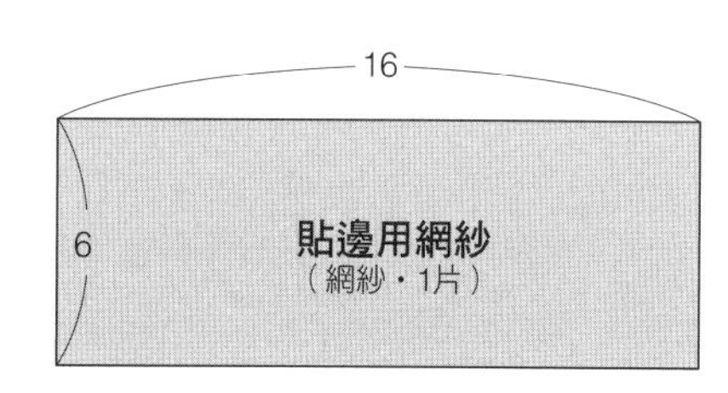
16
6
貼邊用網紗
（網紗・1片）

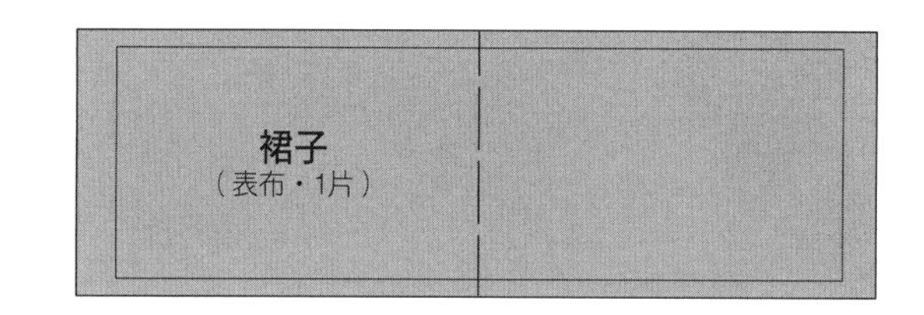
裙子
（表布・1片）

材料

- 表布（棉）40cm寬 10cm
- 網紗 20cm寬 10cm
- 按扣 直徑0.7cm 2組
- 小花樣 1個
- 緞帶 0.4cm寬 10cm

製作
方法

※裙子的布邊塗抹止綻液再開始縫製。

1 ※ 衣服本體和貼邊的連接

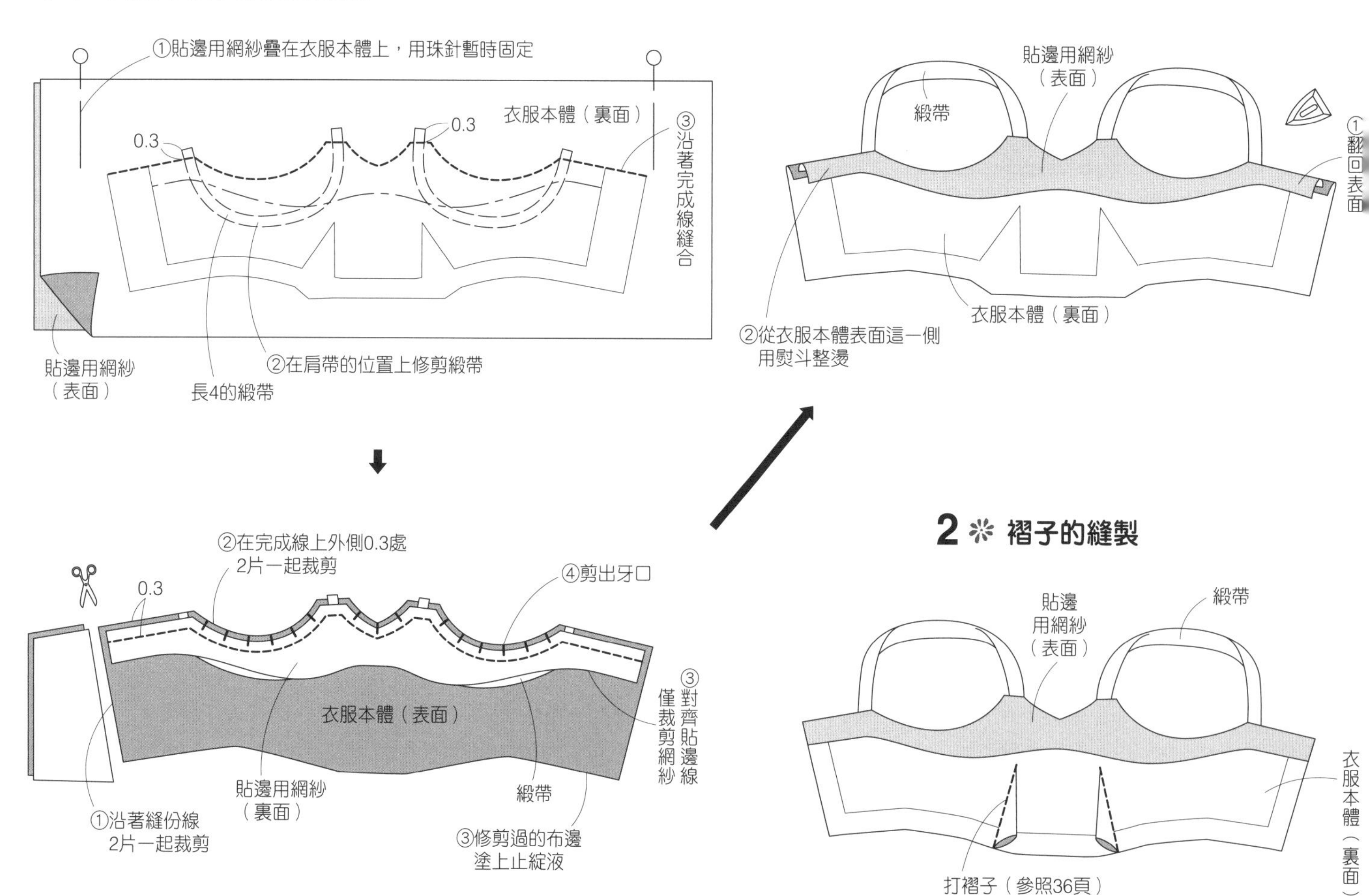
①貼邊用網紗疊在衣服本體上，用珠針暫時固定
衣服本體（裏面）
③沿著完成線縫合
0.3
0.3
貼邊用網紗
（表面）
②在肩帶的位置上修剪緞帶
長4的緞帶
貼邊用網紗
（表面）
緞帶
①翻回表面
衣服本體（裏面）
②從衣服本體表面這一側
用熨斗整燙
②在完成線上外側0.3處
2片一起裁剪
④剪出牙口
0.3
衣服本體（表面）
③對齊貼邊線僅裁剪網紗
貼邊用網紗
（裏面）
緞帶
①沿著縫份線
2片一起裁剪
③修剪過的布邊
塗上止綻液
2 ※ 褶子的縫製
貼邊
用網紗
（表面）
緞帶
衣服本體（裏面）
打褶子（參照36頁）

3 ※ 裙子的製作（參照36頁）

4 ※ 衣服本體和裙子的縫合

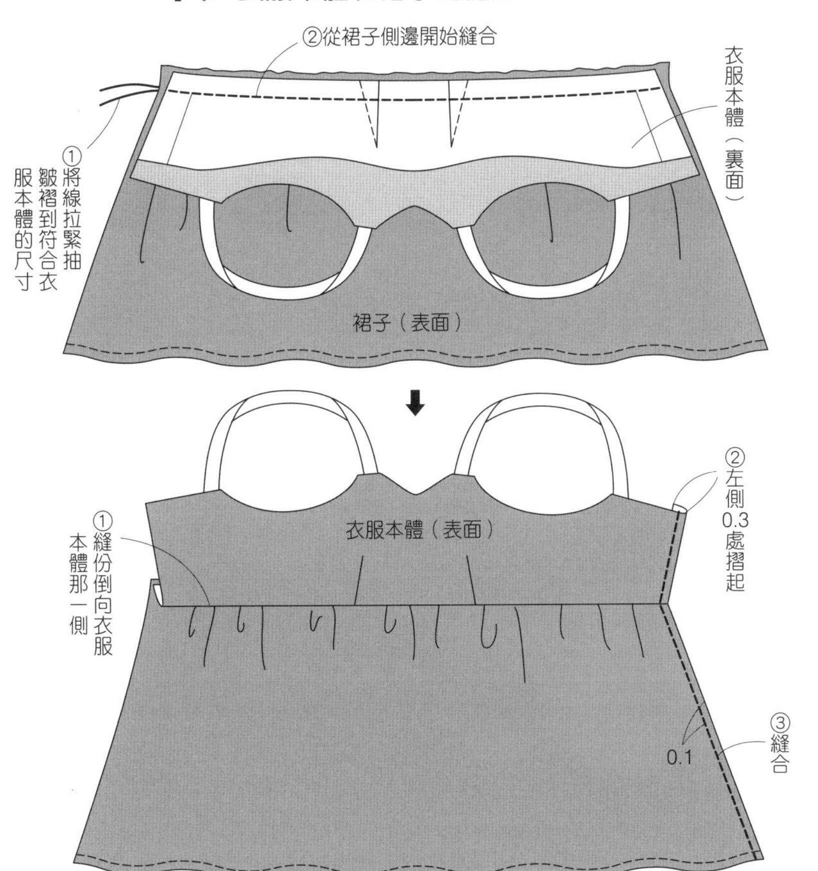

②從裙子側邊開始縫合
衣服本體（裏面）
①將線拉緊抽皺褶到符合衣服本體的尺寸
裙子（表面）
衣服本體（表面）
①縫份倒向衣服本體那一側
②左側0.3處摺起
0.1
③縫合

5 ※ 後中心線的縫製（參照36頁）

6 ※ 按扣的安裝（參照37頁）

7 ※ 製作完成

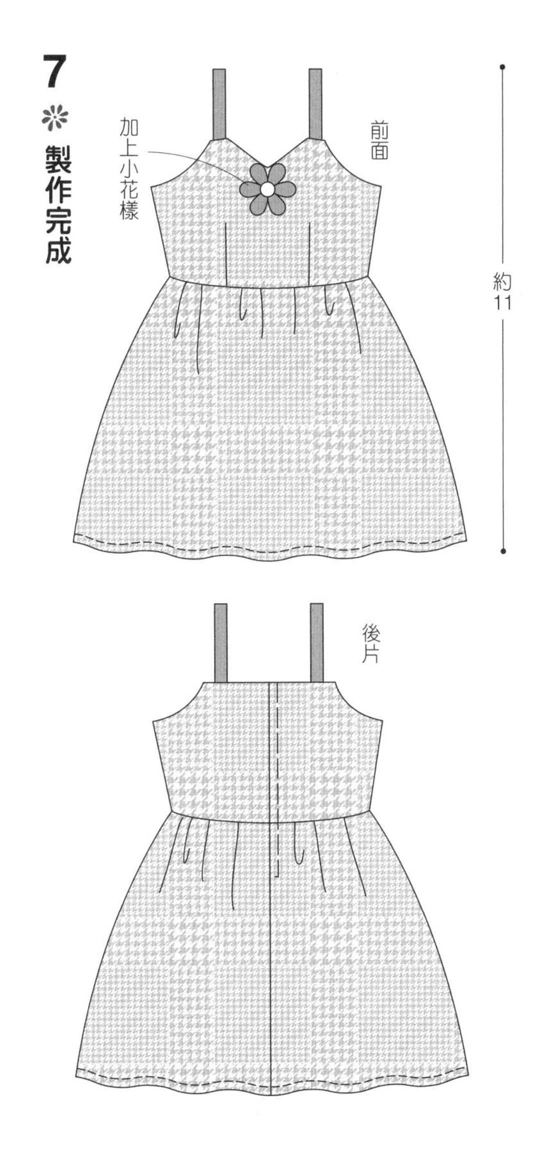

加上小花樣
前面
約11
後片

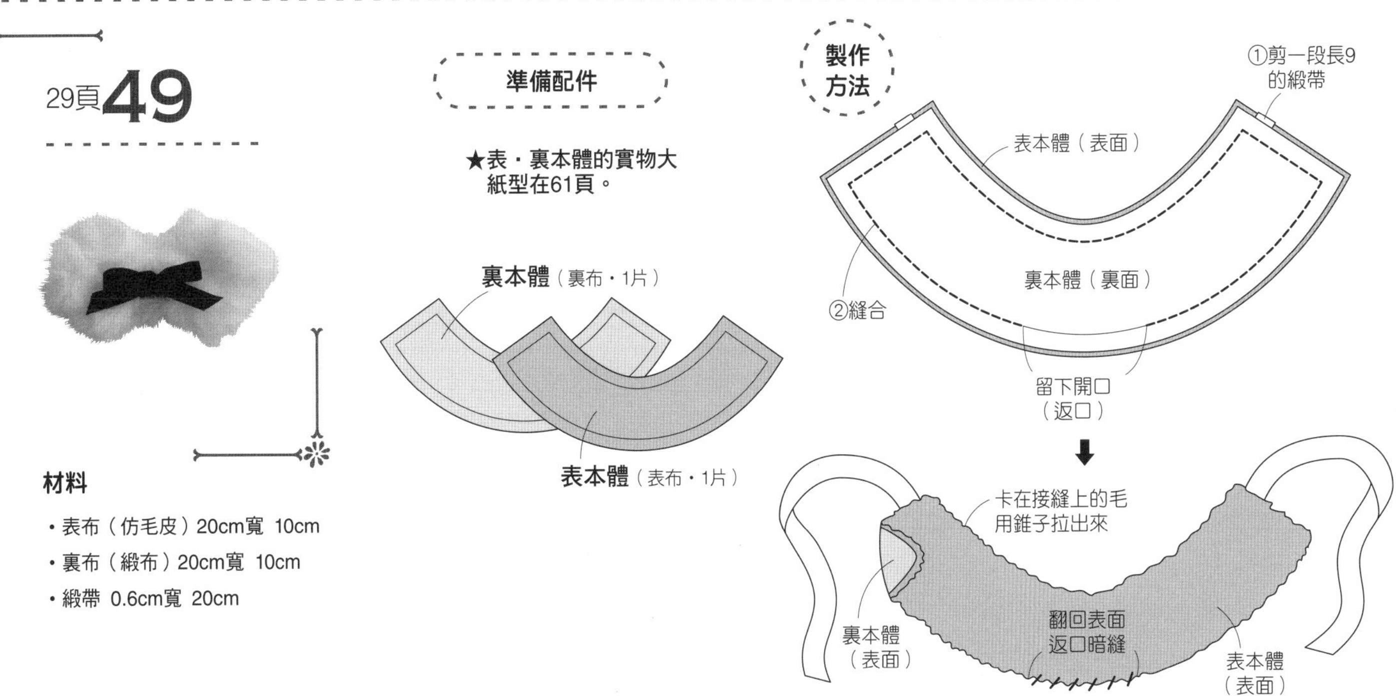

29頁49
準備配件
★表・裏本體的實物大紙型在61頁。
裏本體（裏布・1片）
表本體（表布・1片）
製作方法
①剪一段長9的緞帶
表本體（表面）
裏本體（裏面）
②縫合
留下開口（返口）
卡在接縫上的毛用錐子拉出來
裏本體（表面）
翻回表面返口暗縫
表本體（表面）

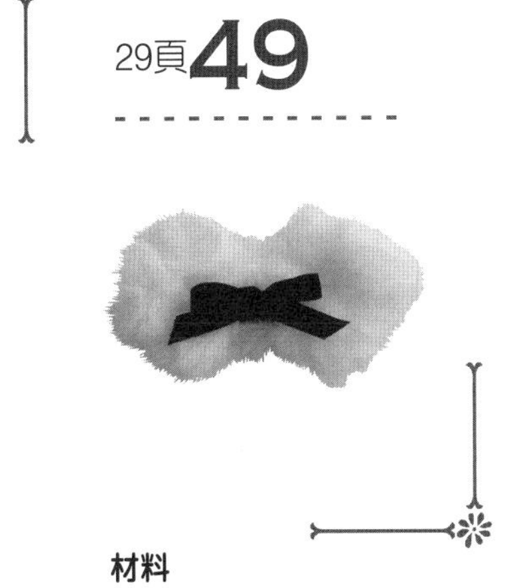

材料

- 表布（仿毛皮）20cm寬 10cm
- 裏布（緞布）20cm寬 10cm
- 緞帶 0.6cm寬 20cm

28頁 **48**

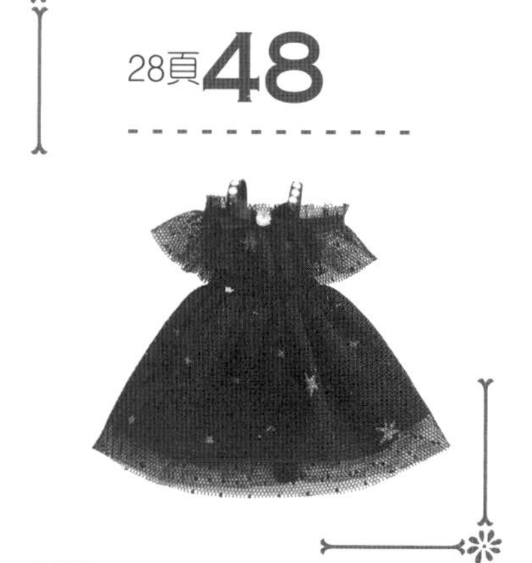

材料

- 表布（緞布）50cm寬 10cm
- 別布（圓點網紗）60cm寬 10cm
- 網紗 20cm寬 10cm
- 按扣 直徑0.7cm 2組
- 鬆緊帶 0.5cm寬 15cm
- 緞帶 0.4cm寬 25cm
- 水鑽 直徑0.3cm 適量
- 寶石 直徑0.5cm 1個

準備配件

★貼邊用網紗之外的實物大紙型在62頁。

※衣服本體和貼邊用網紗按照指定的尺寸做粗裁。

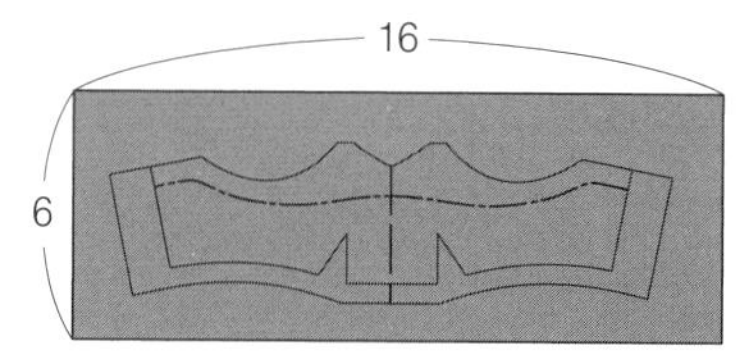

衣服本體（表布・1片）
16
6

貼邊用網紗（網紗・1片）16 × 6

上裙（別布・1片）

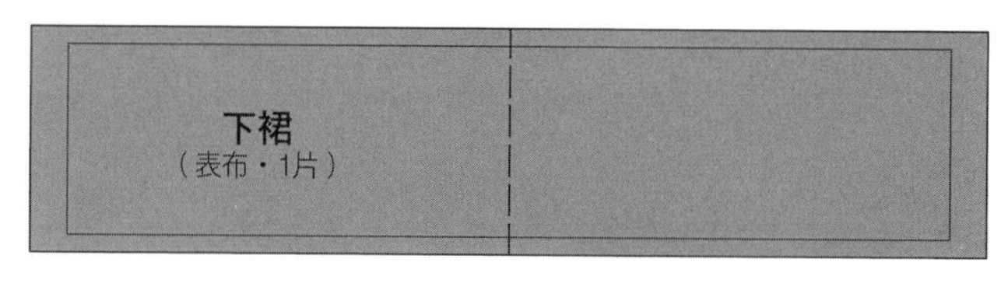

下裙
（表布・1片）

披肩（別布・1片）

製作方法

※下裙的布邊塗抹止綻液後再開始縫製。

1 衣服本體和貼邊的連接（參照58頁）

2 裙子的縫製（參照58頁）

3 裙子的製作

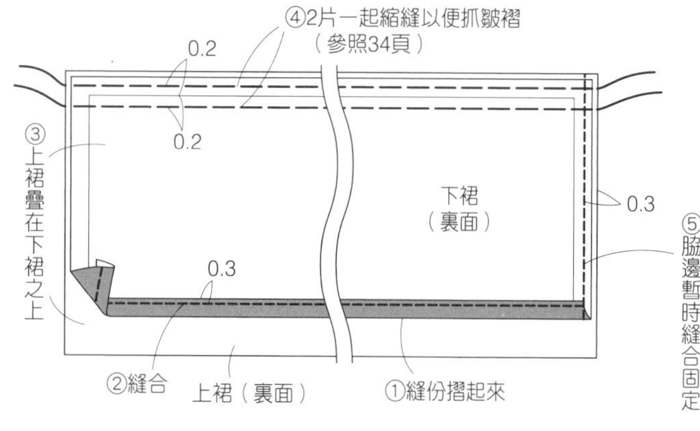

④2片一起縮縫以便抓皺褶
（參照34頁）
0.2
0.2
③上裙疊在下裙之上
下裙
（裏面）
0.3
0.3
⑤脇邊暫時縫合固定
②縫合
上裙（裏面）
①縫份摺起來

4 衣服本體和裙子的縫合（參照59頁）

5 後中心線的縫製（參照36頁）

6 按扣的安裝（參照37頁）

7 披肩的製作

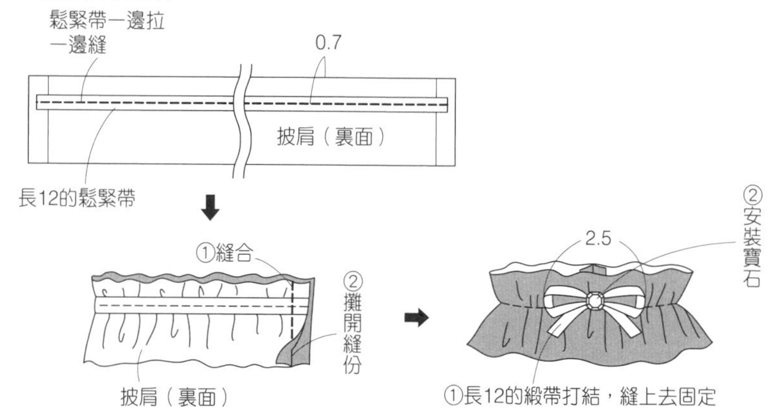

鬆緊帶一邊拉
一邊縫
0.7
披肩（裏面）
長12的鬆緊帶
①縫合
②攤開縫份
披肩（裏面）
2.5
②安裝寶石
①長12的緞帶打結，縫上去固定

8 製作完成

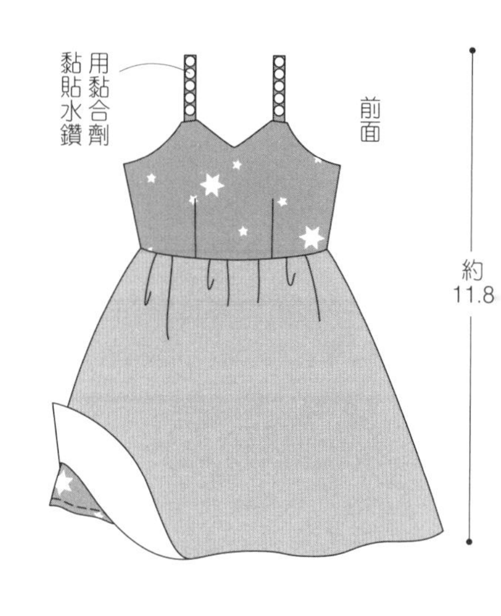

用黏合劑黏貼水鑽
前面
約11.8

後面

20頁

35

材料

- 表布（棉）50cm寬 10cm
- 網紗 20cm寬 10cm
- 按扣 直徑0.7cm 2組
- 緞帶 0.4cm寬 30cm

準備配件

★貼邊用網紗之外的實物大紙型在62頁。

※衣服本體和貼邊用網紗按照指定的尺寸做粗裁。

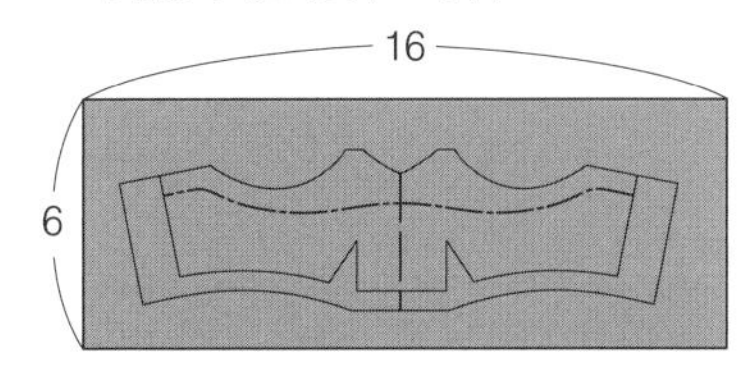
衣服本體（表布・1片）
16
6

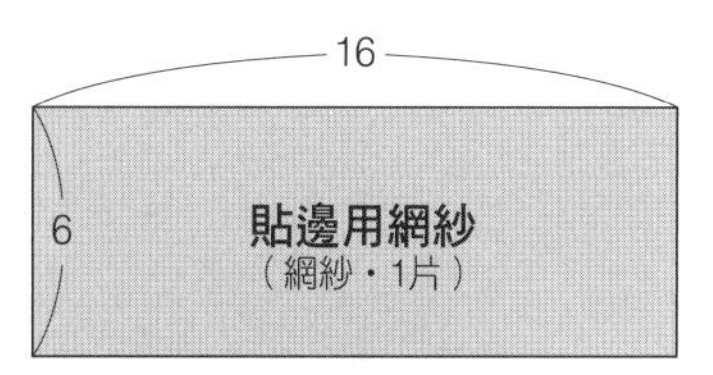
16
6
貼邊用網紗
（網紗・1片）

裙子
（表布・1片）

製作方法

※裙子的布邊塗抹止綻液後再開始縫製。

1 ※ 衣服本體和貼邊的連接

①貼邊用網紗疊在衣服本體上，用珠針暫時固定

0.3　0.3　衣服本體（裏面）

③沿著完成線縫合

④修剪網紗，貼邊翻回表面（參照58頁）

貼邊用網紗（表面）

長13.3的緞帶

②在肩帶的位置上修剪緞帶

2 ※ 裙子的縫製（參照58頁）

3 ※ 裙子的製作（參照36頁）

4 ※ 衣服本體和裙子的縫合（參照59頁）

5 ※ 後中心線的縫製（參照36頁）

6 ※ 按扣的安裝（參照37頁）

7 ※ 製作完成

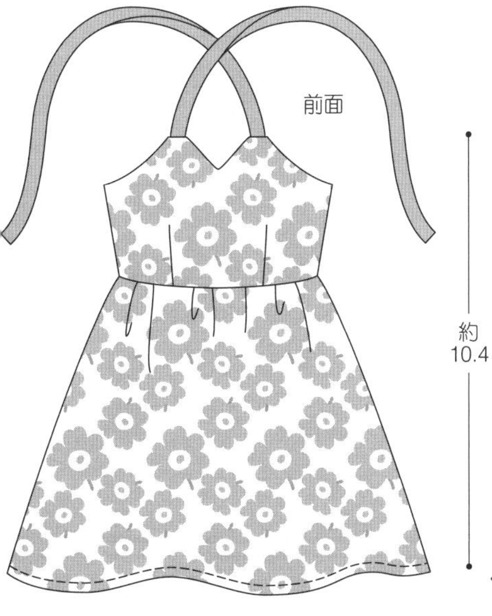
前面
約
10.4

後面

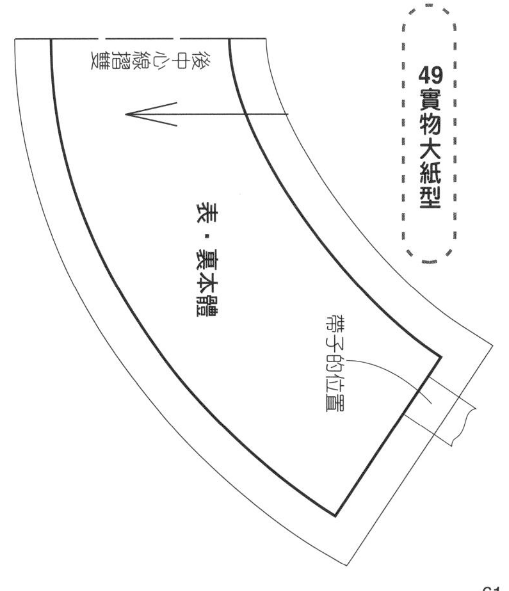
後中心線摺雙
表・裏本體
帶子的位置
49
實物大紙型

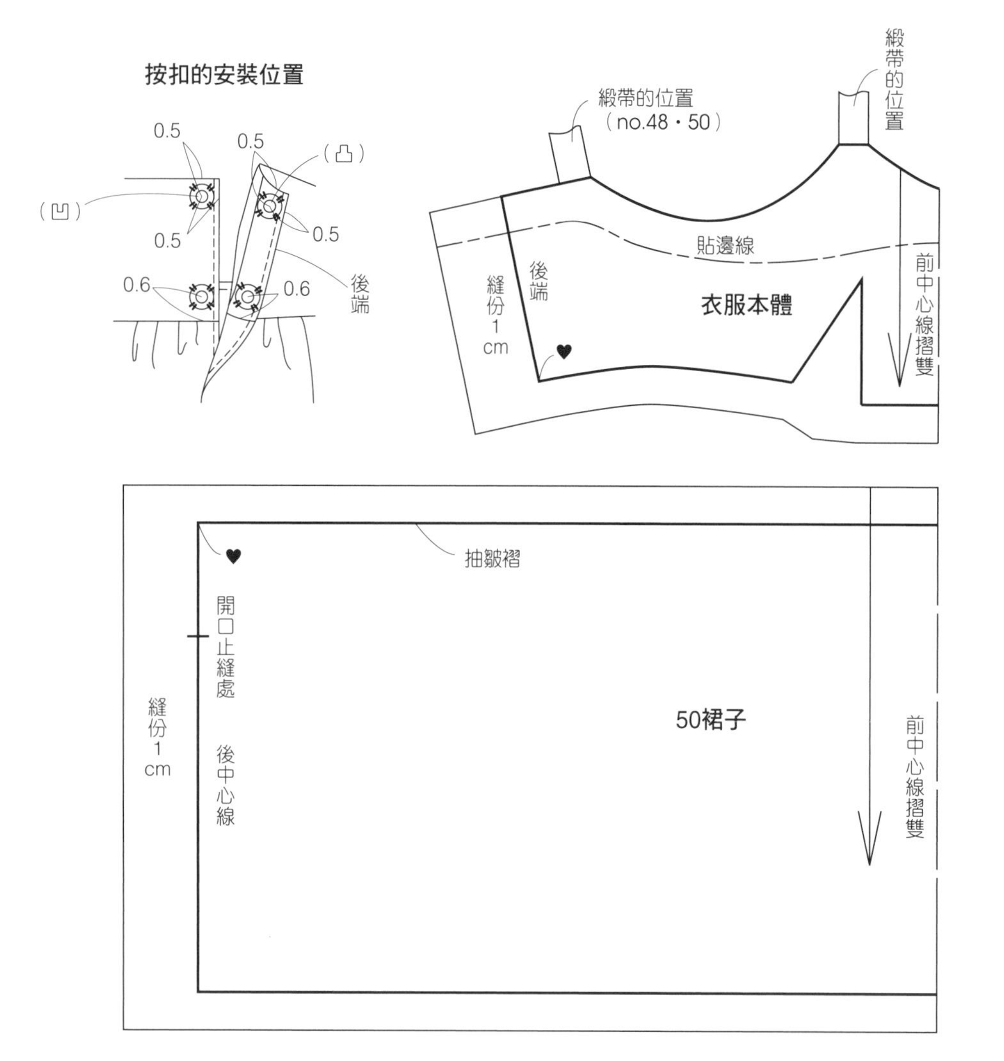
按扣的安裝位置
0.5
0.5
(凸)
(凹)
0.5
0.5
0.6
0.6
後端
緞帶的位置
(no.48・50)
緞帶的位置
貼邊線
後端
縫份1cm
衣服本體
前中心線摺雙
抽皺褶
開口止縫處
縫份1cm
後中心線
50裙子
前中心線摺雙

後中心線
48披肩
前中心線摺雙

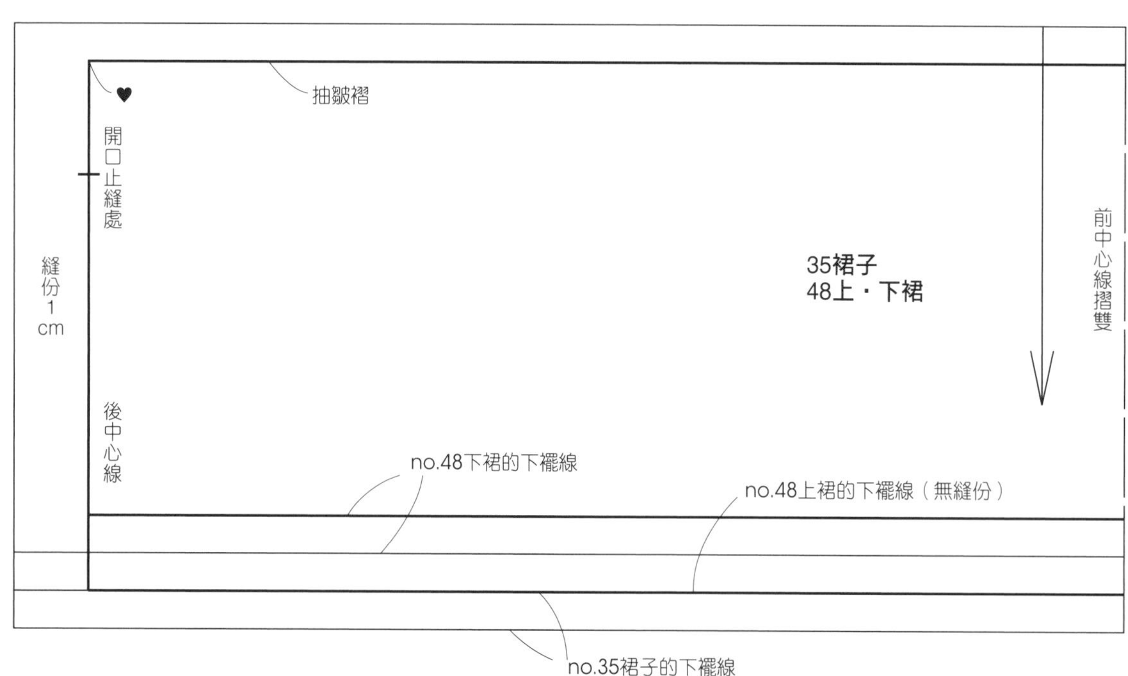
抽皺褶
開口止縫處
縫份1cm
後中心線
35裙子
48上・下裙
前中心線摺雙
no.48下裙的下襬線
no.48上裙的下襬線(無縫份)
no.35裙子的下襬線

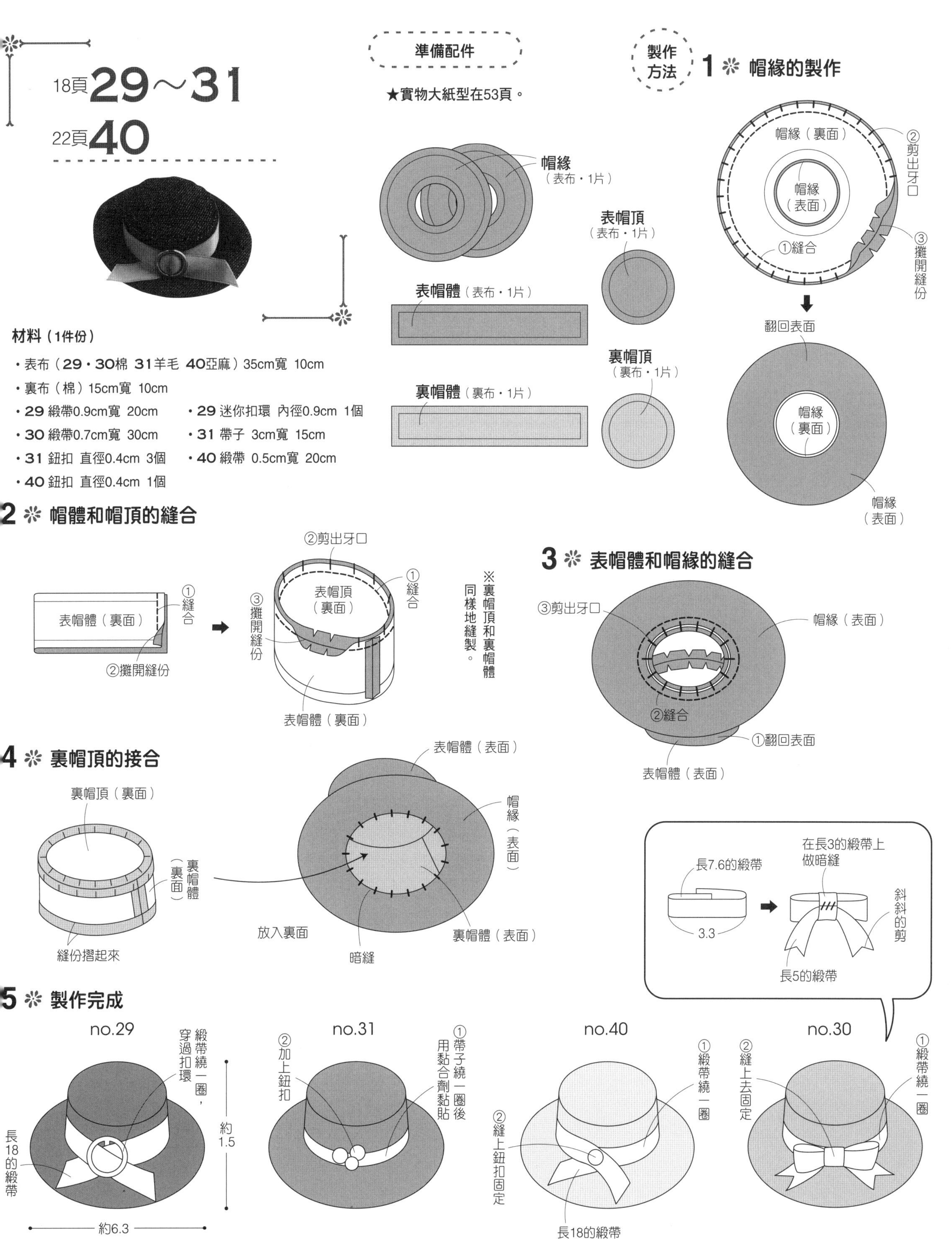
18頁29～31
22頁40
準備配件
★實物大紙型在53頁。
帽緣
（表布・1片）
表帽頂
（表布・1片）
表帽體（表布・1片）
裏帽頂
（裏布・1片）
裏帽體（裏布・1片）
製作方法
1 帽緣的製作
帽緣（裏面）
帽緣（表面）
②剪出牙口
①縫合
③攤開縫份
翻回表面
帽緣（裏面）
帽緣（表面）
材料（1件份）
・表布（29・30棉 31羊毛 40亞麻）35cm寬 10cm
・裏布（棉）15cm寬 10cm
・29 緞帶0.9cm寬 20cm
・29 迷你扣環 內徑0.9cm 1個
・30 緞帶0.7cm寬 30cm
・31 帶子 3cm寬 15cm
・31 鈕扣 直徑0.4cm 3個
・40 緞帶 0.5cm寬 20cm
・40 鈕扣 直徑0.4cm 1個
2 帽體和帽頂的縫合
表帽體（裏面）
①縫合
②攤開縫份
②剪出牙口
表帽頂
（裏面）
①縫合
③攤開縫份
表帽體（裏面）
※裏帽頂和裏帽體同樣地縫製。
3 表帽體和帽緣的縫合
③剪出牙口
帽緣（表面）
②縫合
①翻回表面
表帽體（表面）
4 裏帽頂的接合
裏帽頂（裏面）
裏帽體（裏面）
縫份摺起來
表帽體（表面）
帽緣（表面）
放入裏面
暗縫
裏帽體（表面）
長7.6的緞帶
3.3
在長3的緞帶上做暗縫
斜斜的剪
長5的緞帶
5 製作完成
no.29
緞帶繞一圈，穿過扣環
長18的緞帶
約1.5
約6.3
no.31
①帶子繞一圈後用黏合劑黏貼
②加上鈕扣
no.40
①緞帶繞一圈
②縫上鈕扣固定
長18的緞帶
no.30
①緞帶繞一圈
②縫上去固定

20頁**36** 21頁**37～39**

製作
方法

★實物大紙型在65・66頁。

36・39

37・38

材料（1件份）

- 表布（棉） 30cm寬 20cm
- 裏布（棉） 15cm寬 10cm
- **36・39** 別布（棉） 5cm寬 5cm
- 牛奶盒（1L） 1個
- 軟皮繩 0.3cm 寬40cm
- 透明膠帶
- C圈 0.8cm×0.6cm 2個
- 小飾品 10個
- 鬆緊帶 0.3cm寬 10cm
- **37・38** 吊飾 1個
- **37・38** 珠鍊 1條

1 ❊ 本體的組裝、布的黏貼

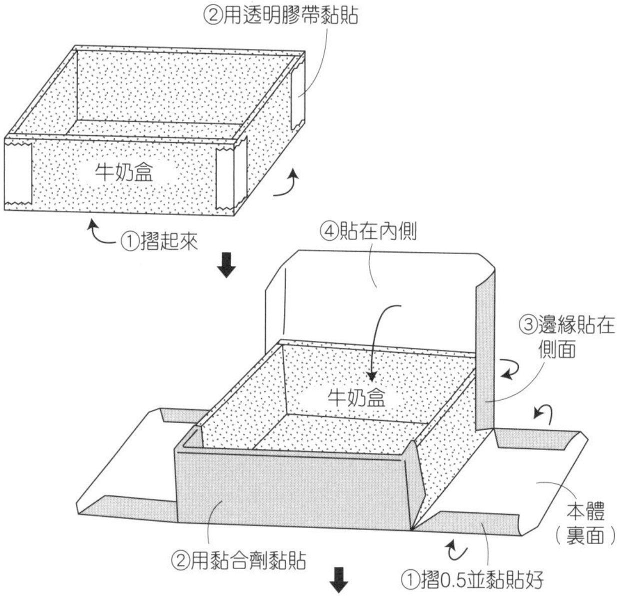
②用透明膠帶黏貼
牛奶盒
①摺起來
④貼在內側
③邊緣貼在
側面
牛奶盒
本體
（裏面）
②用黏合劑黏貼
①摺0.5並黏貼好

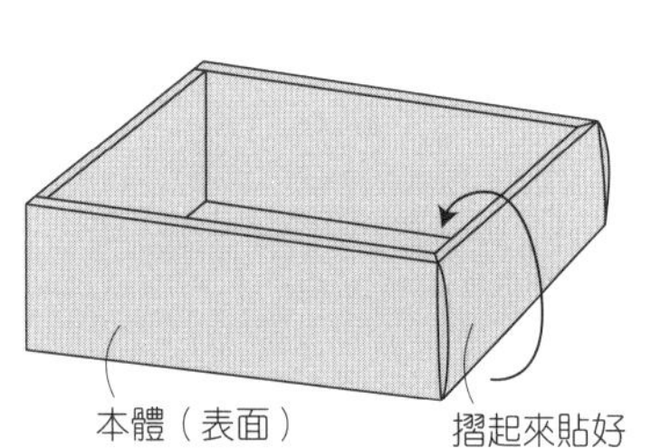
本體（表面）
摺起來貼好

2 ❊ 蓋子的組裝、布的黏貼

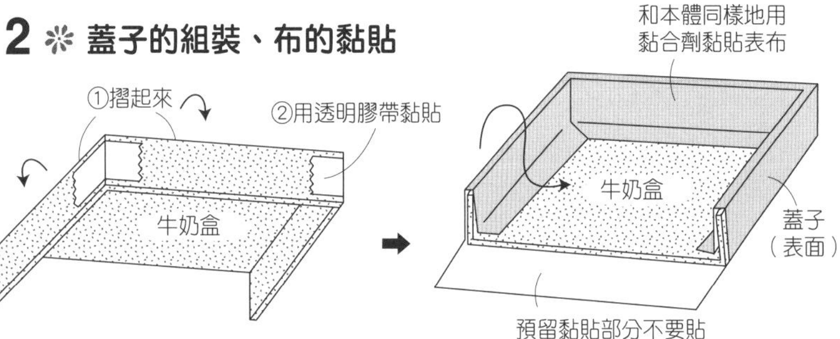
①摺起來
②用透明膠帶黏貼
牛奶盒
和本體同樣地用
黏合劑黏貼表布
牛奶盒
蓋子
（表面）
預留黏貼部分不要貼

3 ❊ 內底布的黏貼、本體和蓋子的黏貼

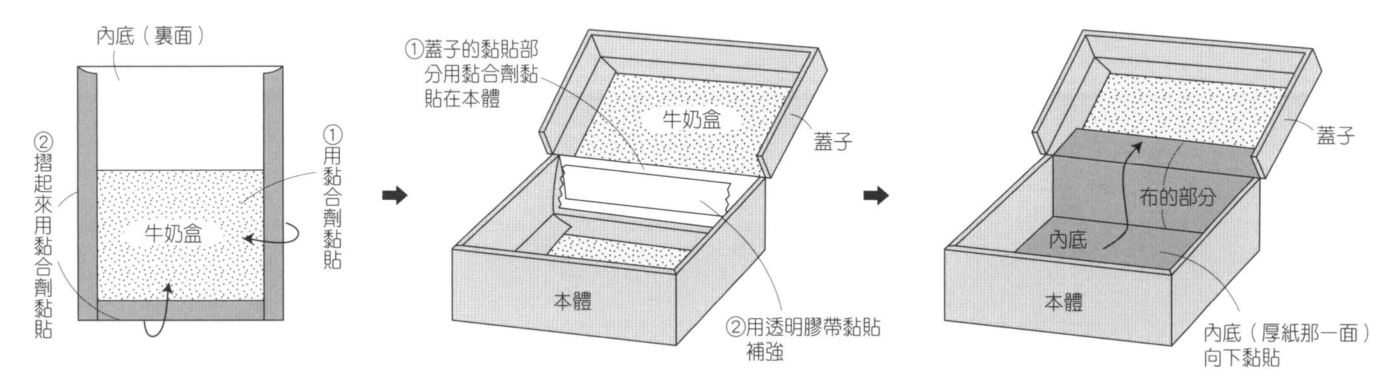
內底（裏面）
②摺起來用黏合劑黏貼
牛奶盒
①用黏合劑黏貼
①蓋子的黏貼部
分用黏合劑黏
貼在本體
牛奶盒
蓋子
本體
②用透明膠帶黏貼
補強
蓋子
布的部分
內底
本體
內底（厚紙那一面）
向下黏貼

4 ❊ 口袋的製作

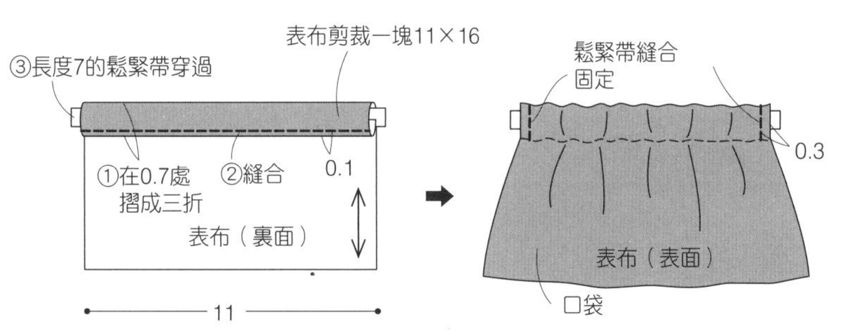
表布剪裁一塊11×16
③長度7的鬆緊帶穿過
①在0.7處
摺成三折
②縫合
0.1
表布（裏面）
11
鬆緊帶縫合
固定
0.3
表布（表面）
口袋

5 ❊ 內蓋和口袋的結合

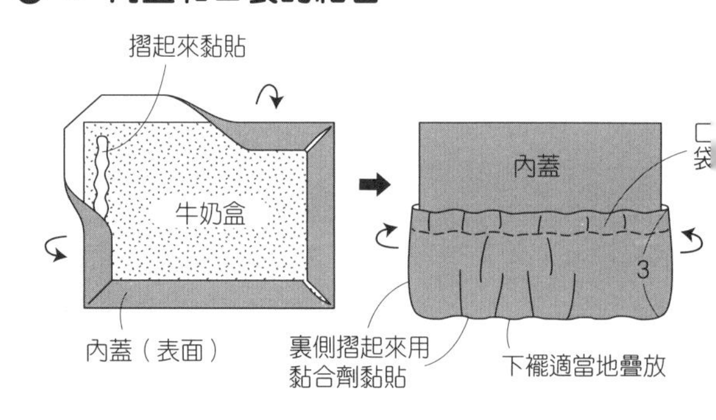
摺起來黏貼
牛奶盒
內蓋（表面）
內蓋
口袋
3
裏側摺起來用
黏合劑黏貼
下襬適當地疊放

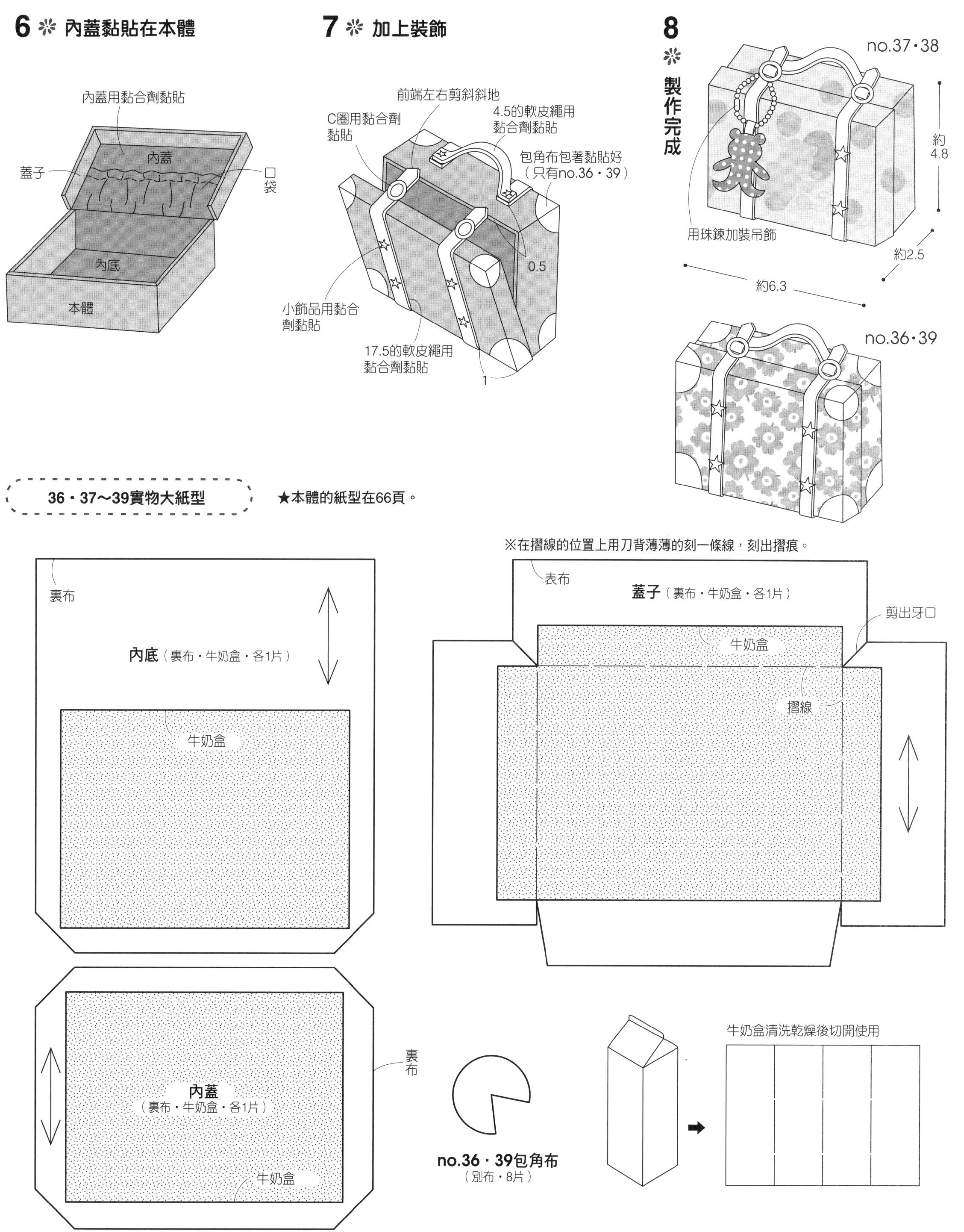
6 內蓋黏貼在本體
內蓋用黏合劑黏貼
內蓋
蓋子
口袋
內底
本體
7 加上裝飾
前端左右剪斜斜地
C圈用黏合劑黏貼
4.5的軟皮繩用黏合劑黏貼
包角布包著黏貼好（只有no.36・39）
0.5
小飾品用黏合劑黏貼
17.5的軟皮繩用黏合劑黏貼
1
8 製作完成
no.37・38
約4.8
用珠鍊加裝吊飾
約2.5
約6.3
no.36・39
36・37～39實物大紙型
★本體的紙型在66頁。
※在摺線的位置上用刀背薄薄的刻一條線，刻出摺痕。
裏布
內底（裏布・牛奶盒・各1片）
牛奶盒
表布
蓋子（裏布・牛奶盒・各1片）
剪出牙口
牛奶盒
摺線
裏布
內蓋
（裏布・牛奶盒・各1片）
牛奶盒
no.36・39包角布
（別布・8片）
牛奶盒清洗乾燥後切開使用

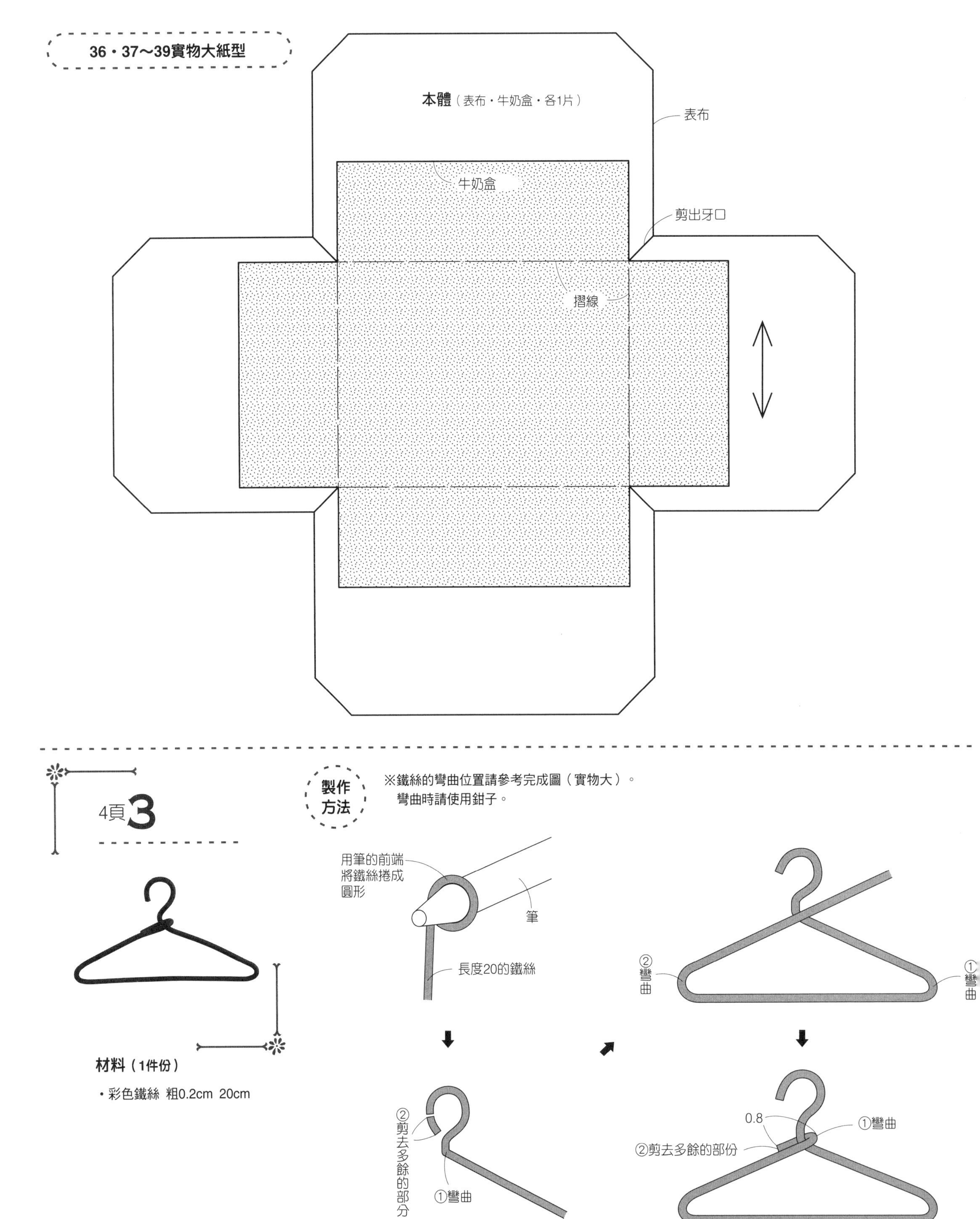
36・37～39實物大紙型
本體（表布・牛奶盒・各1片）
表布
牛奶盒
剪出牙口
摺線
4頁3
材料（1件份）
・彩色鐵絲 粗0.2cm 20cm
製作方法
※鐵絲的彎曲位置請參考完成圖（實物大）。
彎曲時請使用鉗子。
用筆的前端將鐵絲捲成圓形
筆
長度20的鐵絲
②剪去多餘的部分
①彎曲
②彎曲
①彎曲
0.8
①彎曲
②剪去多餘的部份
※此圖是實物大小的尺寸。

22頁 41

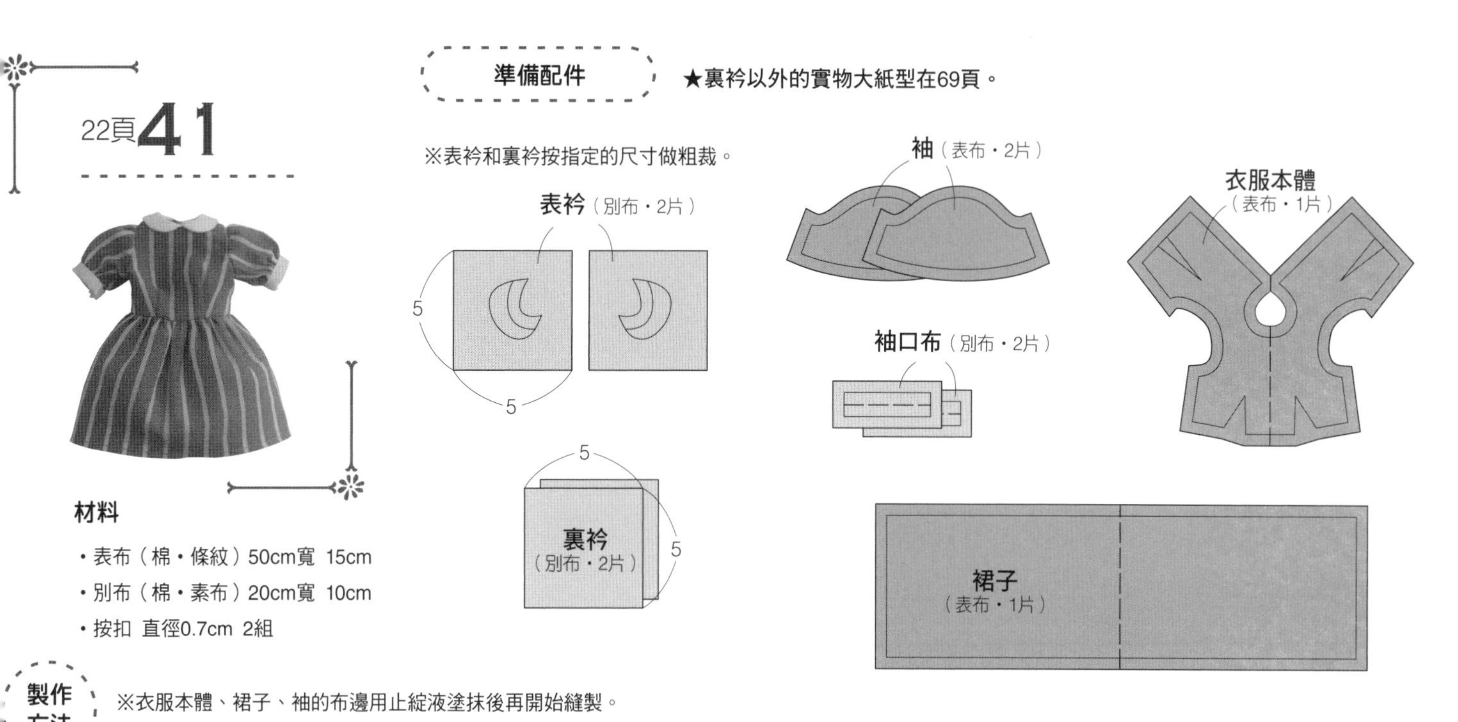

準備配件
★裏衿以外的實物大紙型在69頁。
※表衿和裏衿按指定的尺寸做粗裁。
表衿（別布・2片）
5
5
袖（表布・2片）
衣服本體
（表布・1片）
袖口布（別布・2片）
5
裏衿
（別布・2片）
5
裙子
（表布・1片）

材料

- 表布（棉・條紋）50cm寬 15cm
- 別布（棉・素布）20cm寬 10cm
- 按扣 直徑0.7cm 2組

製作方法 ※衣服本體、裙子、袖的布邊用止綻液塗抹後再開始縫製。

1 ※ 衣服本體褶子的縫製

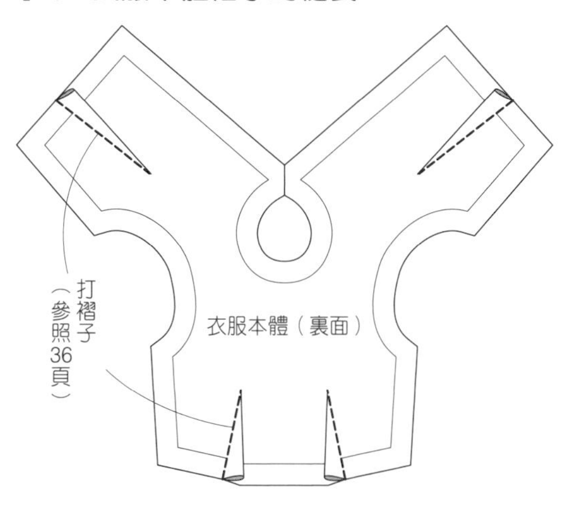

打褶子（參照36頁）
衣服本體（裏面）

2 ※ 領子的製作

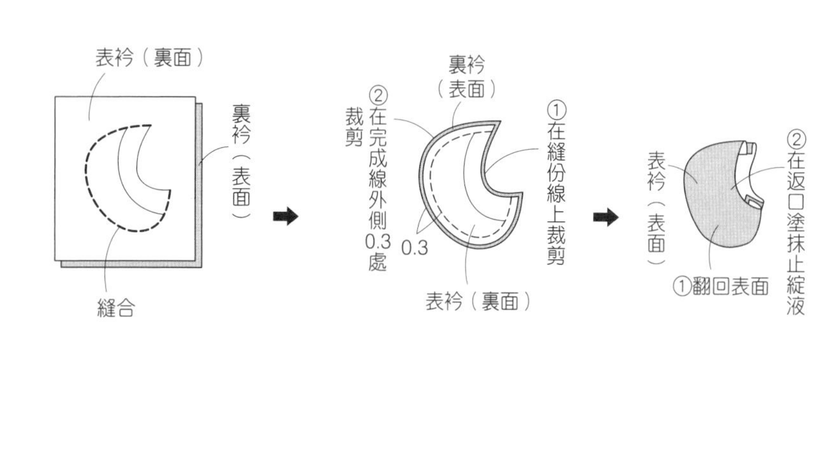

表衿（裏面）
裏衿（表面）
縫合
裏衿
（表面）
②在完成線外側0.3處裁剪
①在縫份線上裁剪
0.3
表衿（裏面）
表衿（表面）
②在返口塗抹止綻液
①翻回表面

3 ※ 領子的連接

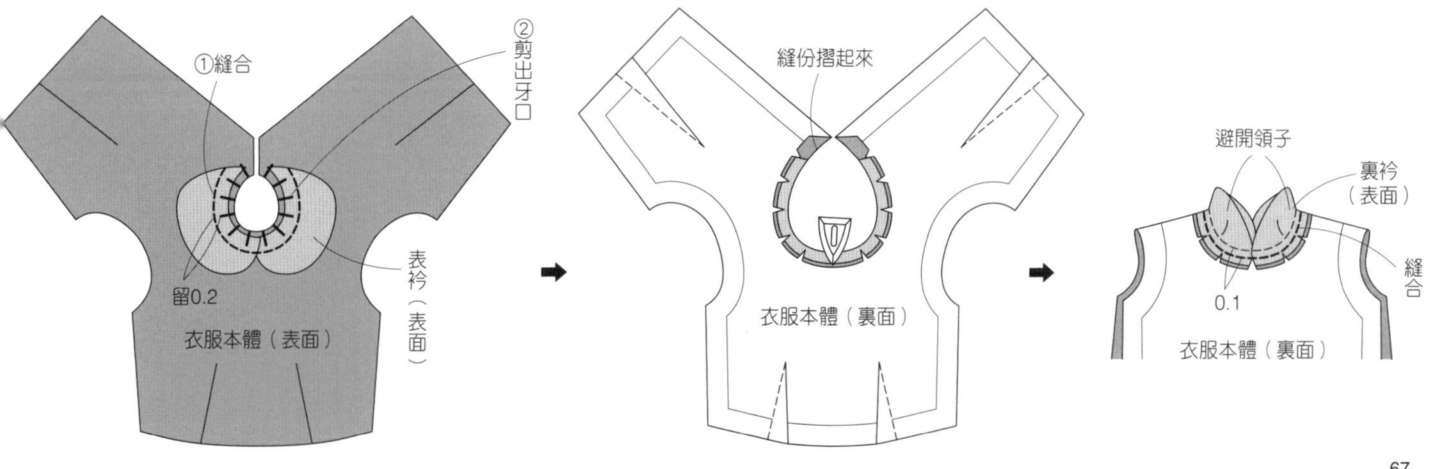

①縫合
②剪出牙口
留0.2
表衿（表面）
衣服本體（表面）
縫份摺起來
衣服本體（裏面）
避開領子
裏衿
（表面）
縫合
0.1
衣服本體（裏面）

3 ※ 袖口的製作

袖口布（裏面）

縫份摺起來

⬇

袖口布（裏面）

沿著山摺線摺起來（摺疊）

4 ※ 袖子的製作

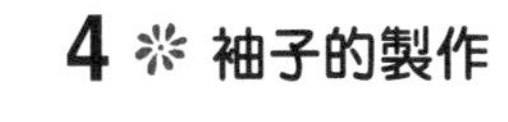

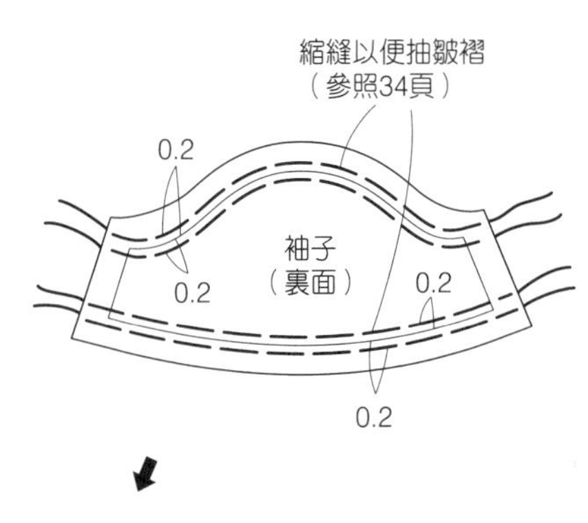

縮縫以便抽皺褶
（參照34頁）
0.2
0.2
袖子
（裏面）
0.2
0.2

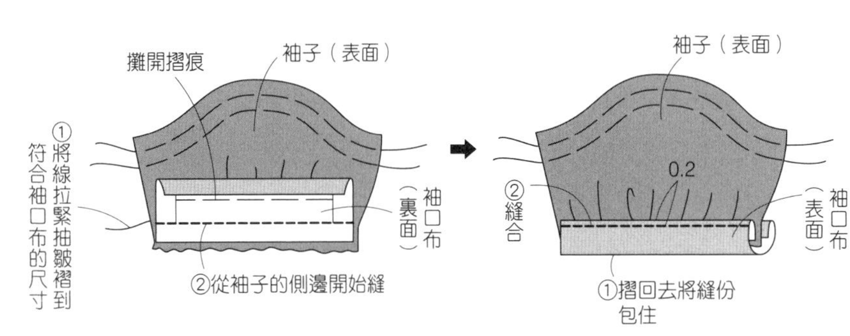

攤開摺痕
袖子（表面）
①將線拉緊抽皺褶到符合袖口布的尺寸
袖口布（裏面）
②從袖子的側邊開始縫
袖子（表面）
0.2
②縫合
袖口布（表面）
①摺回去將縫份包住

5 ※ 袖子的連接、脇線的縫製

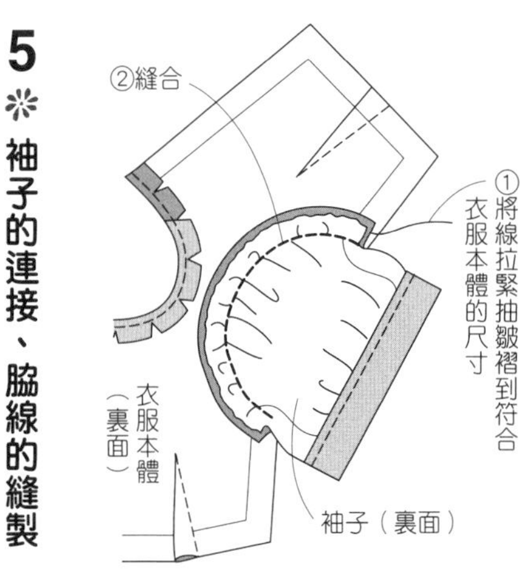

②縫合
①將線拉緊抽皺褶到符合衣服本體的尺寸
衣服本體（裏面）
袖子（裏面）

⬇

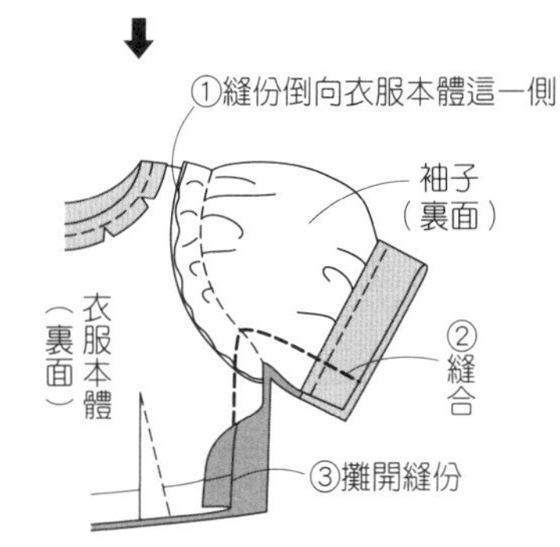

①縫份倒向衣服本體這一側
袖子（裏面）
衣服本體（裏面）
②縫合
③攤開縫份

6 ※ 裙子的製作（參照36頁）

7 ※ 裙子和衣服本體的縫合

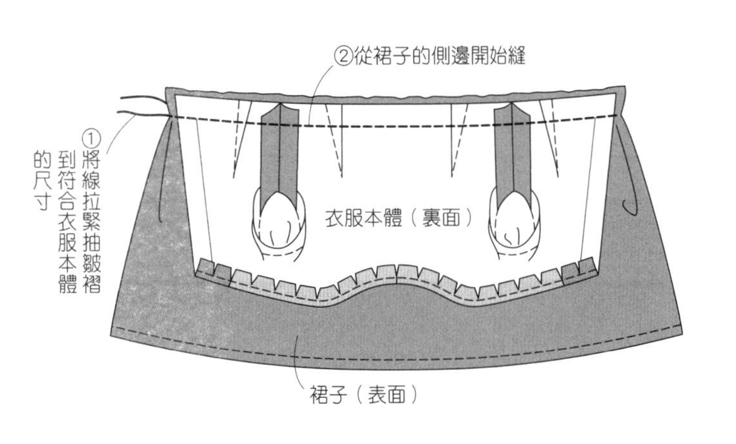

②從裙子的側邊開始縫
①將線拉緊抽皺褶到符合衣服本體的尺寸
衣服本體（裏面）
裙子（表面）

8 ※ 後中心線的縫製

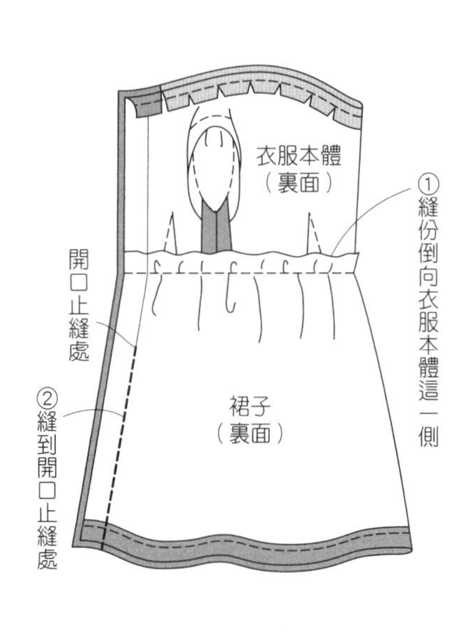

衣服本體（裏面）
①縫份倒向衣服本體這一側
開口止縫處
②縫到開口止縫處
裙子（裏面）

9 ※ 開口部分縫合

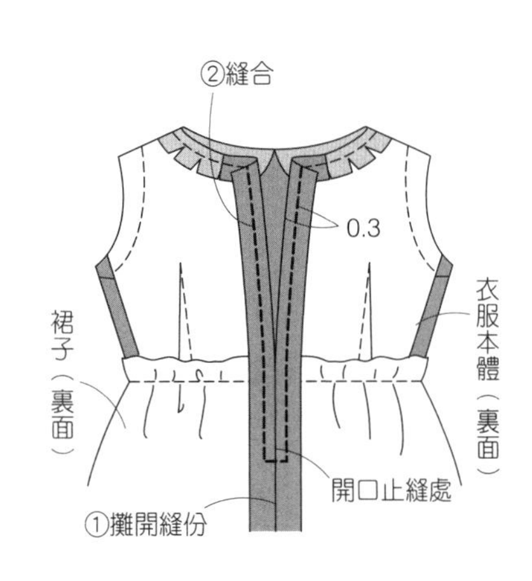

②縫合
0.3
裙子（裏面）
衣服本體（裏面）
開口止縫處
①攤開縫份

10 ※ 安裝按扣

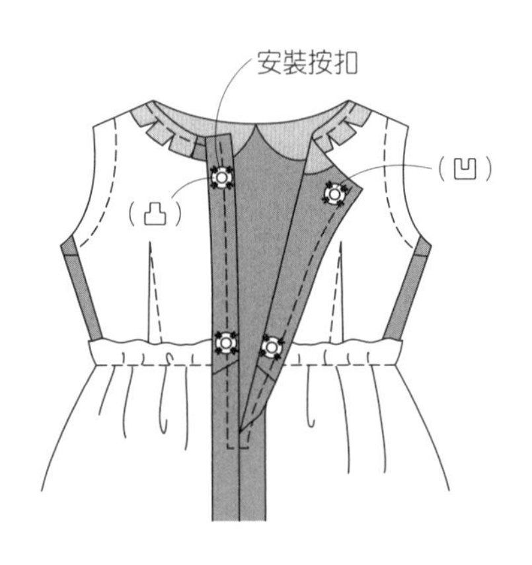

安裝按扣
（凸）
（凹）

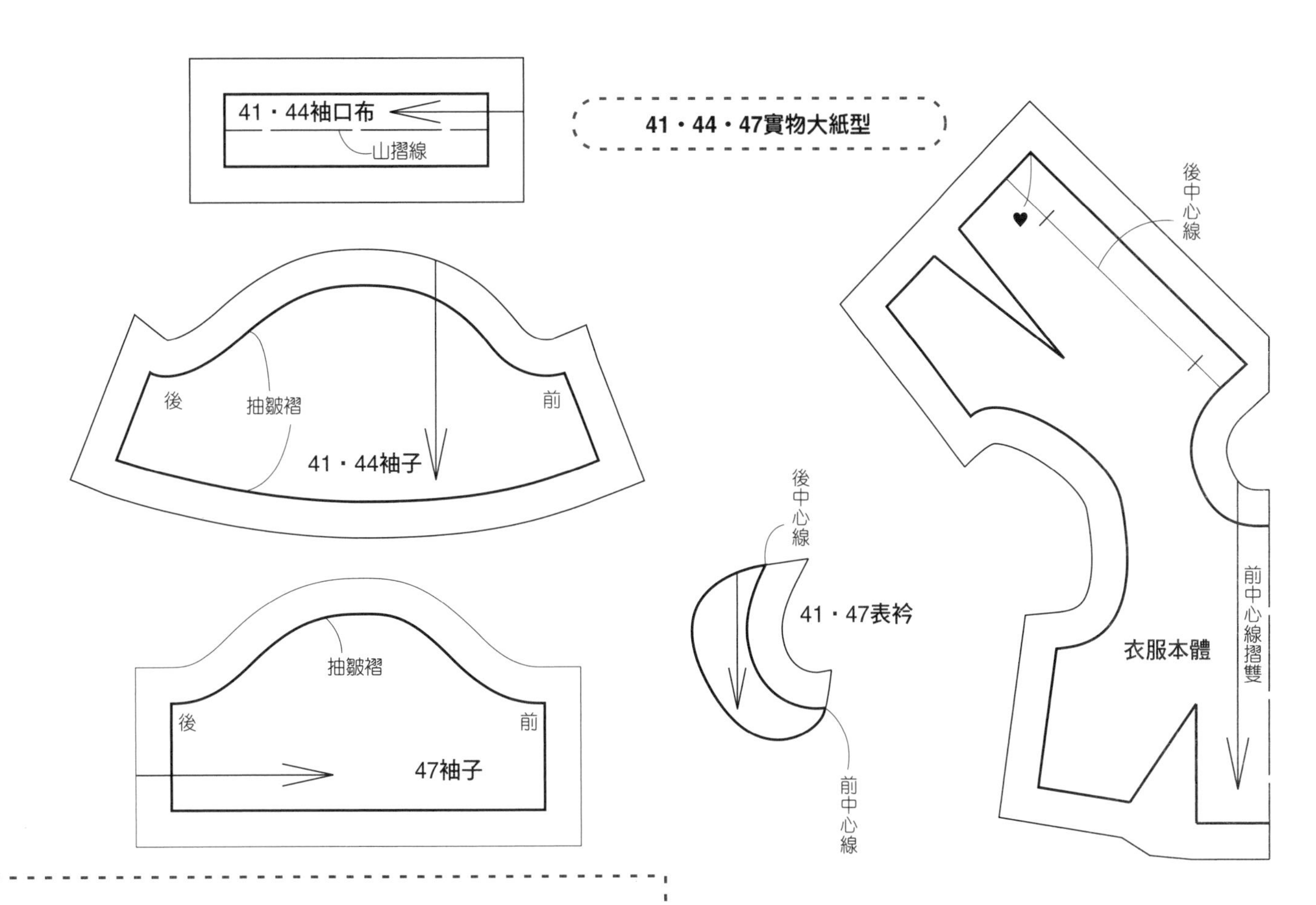
41・44・47實物大紙型
41・44袖口布
山摺線
41・44袖子
後
前
抽皺褶
47袖子
41・47表衿
後中心線
前中心線
衣服本體
前中心線摺雙

11 ❊ 製作完成

前
約
10.8
後

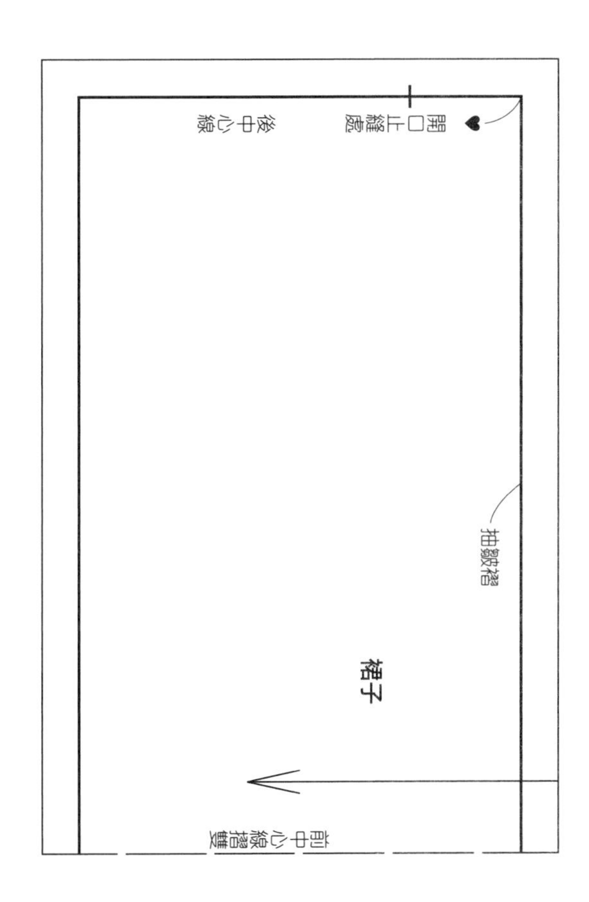
開口止縫處
後中心線
抽皺褶
裙子
前中心線摺雙

24頁**44**

材料

・表布（棉・條紋）40cm寬 15cm
・別布（棉・素布）20cm寬 10cm
・按扣 直徑0.7cm 2組
・蕾絲 0.8cm寬 35cm
・緞帶 0.6cm寬 50cm

準備配件

★衣服本體、裙子、袖子、袖口布的實物大紙型在69頁。

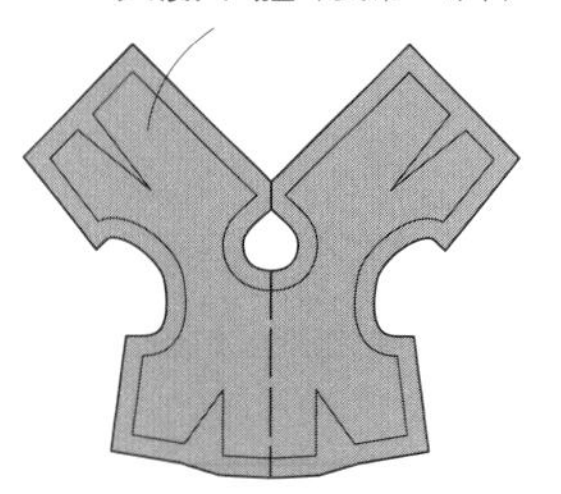
衣服本體（表布・1片）

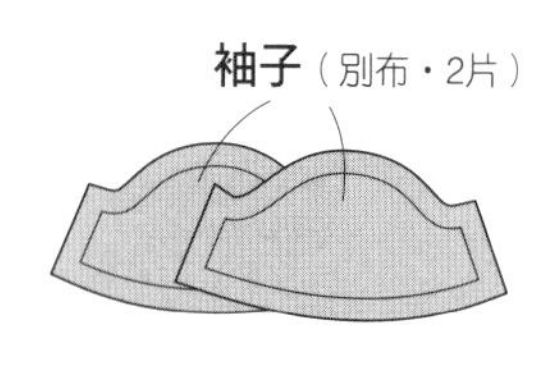
袖子（別布・2片）

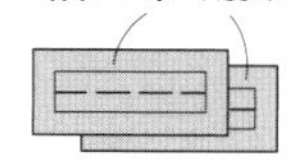
袖口布（別布・2片）

裙子（表布・1片）

製作方法

※衣服本體、裙子、袖的布邊用止綻液塗抹後再開始縫製。

1 ※ 裙子的縫製（參照67頁）

2 ※ 領圍的縫製

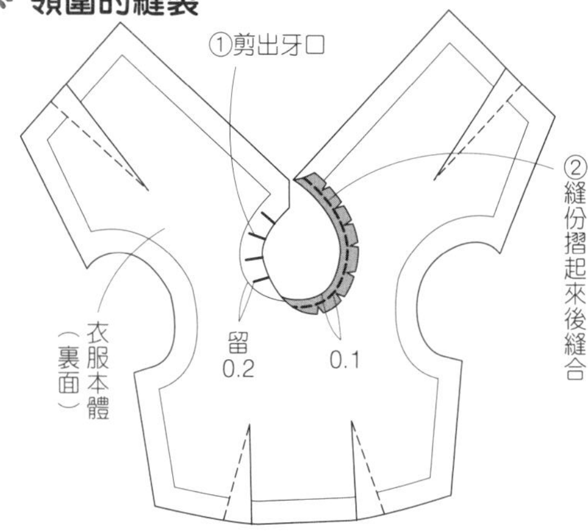
①剪出牙口
②縫份摺起來後縫合
衣服本體（裏面）
留0.2
0.1

3 ※ 袖口的製作（參照68頁）

4 ※ 袖子的製作（參照68頁）

5 ※ 袖子的連接、脇線的縫製（參照68頁）

6 ※ 裙子的製作

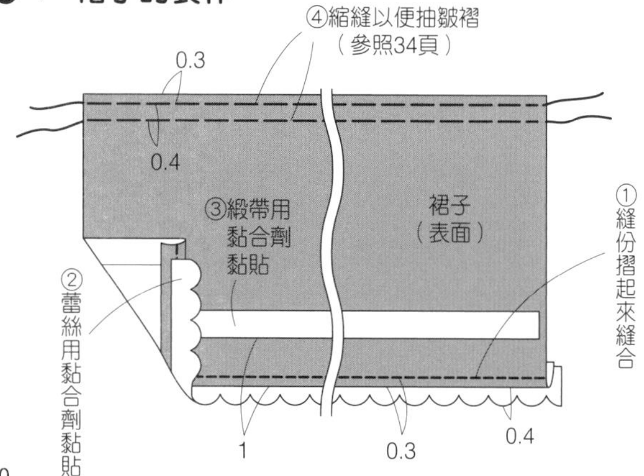
④縮縫以便抽皺褶（參照34頁）
0.3
0.4
③緞帶用黏合劑黏貼
裙子（表面）
②蕾絲用黏合劑黏貼
①縫份摺起來縫合
1
0.3
0.4

7 ※ 裙子和衣服本體的縫合（參照68頁）

8 ※ 後中心線的縫製（參照68頁）

9 ※ 開口部分縫合（參照68頁）

10 ※ 安裝按扣（參照68頁）

11 ※ 製作完成

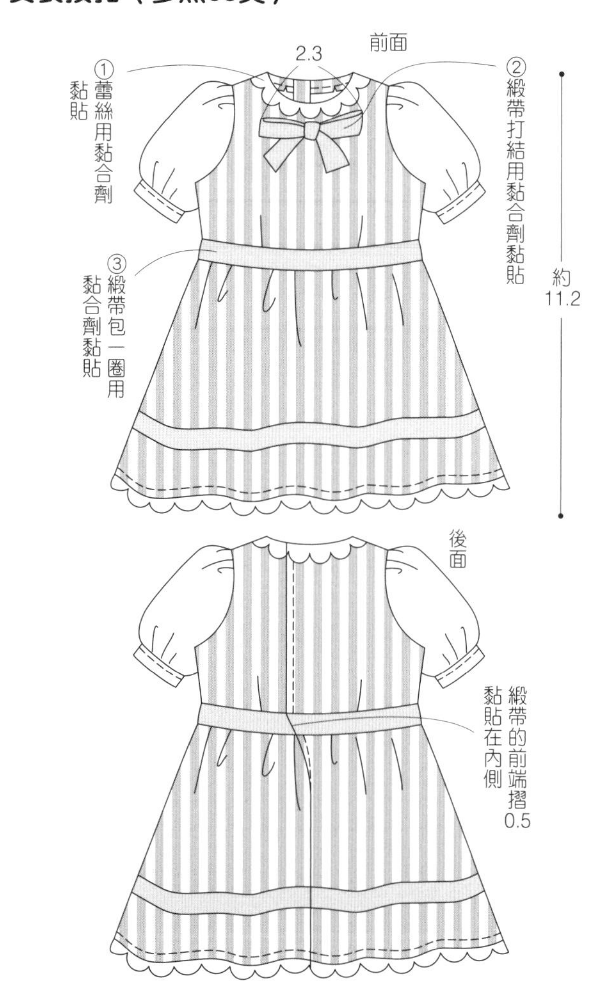
前面
2.3
①蕾絲用黏合劑黏貼
②緞帶打結用黏合劑黏貼
③緞帶包一圈用黏合劑黏貼
約11.2
後面
緞帶的前端摺0.5黏貼在內側

26頁 **47**

材料

- 表布（牛仔布）40cm寬 15cm
- 別布（棉・條紋）25cm寬 10cm
- 按扣 直徑0.7cm 2組
- 鈕扣 直徑0.5cm 3個

製作方法

※衣服本體、裙子、袖的布邊用止綻液塗抹後再開始縫製。

1 ❊ 裙子的縫製（參照67頁）

2 ❊ 領子的製作（參照67頁）

3 ❊ 領子的連接（參照67頁）

準備配件

★裏衿之外的實物大紙型在69頁。

※表衿和裏衿按指定的尺寸做粗裁。

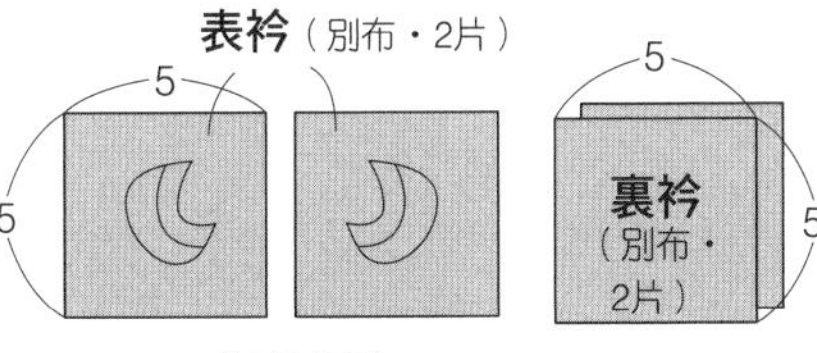

表衿（別布・2片）
5
5
裏衿（別布・2片）
5
5

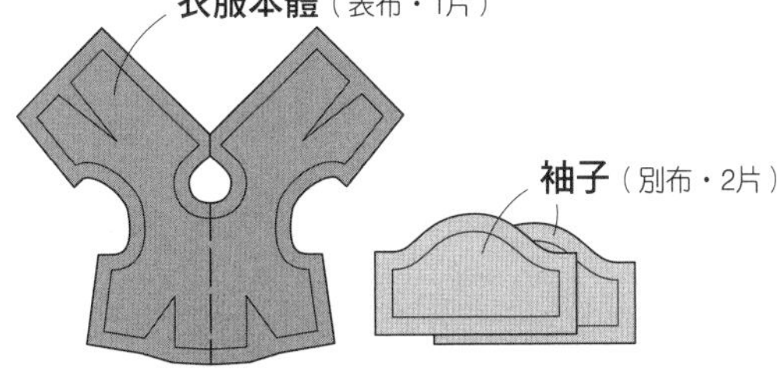

衣服本體（表布・1片）
袖子（別布・2片）

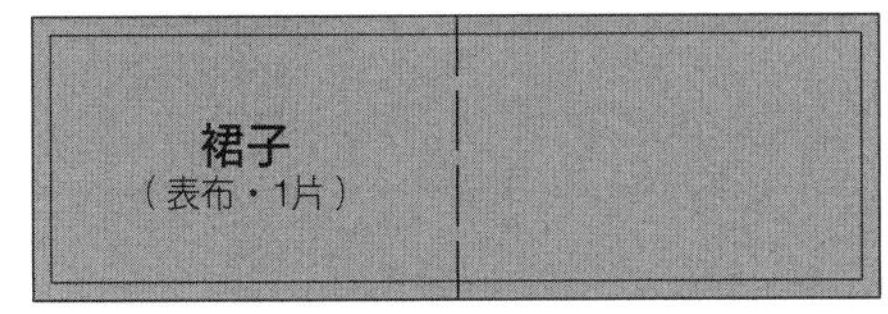

裙子（表布・1片）

4 ❊ 袖子的製作

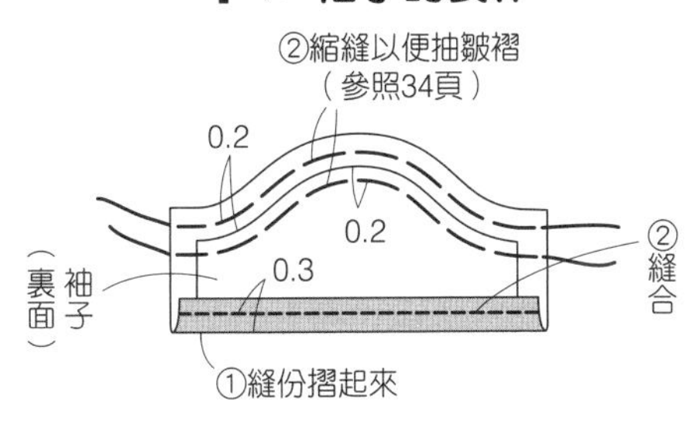

②縮縫以便抽皺褶（參照34頁）
0.2
0.2
0.3
袖子（裏面）
②縫合
①縫份摺起來

5 ❊ 袖子的連接、脇線的縫製（參照68頁）

6 ❊ 裙子的製作（參照36頁）

7 ❊ 裙子和衣服本體的縫合

8 ❊ 後中心線的縫製

9 ❊ 縫合到開口止縫處

10 ❊ 安裝按扣

※以上全部參照68頁。

11 ❊ 製作完成

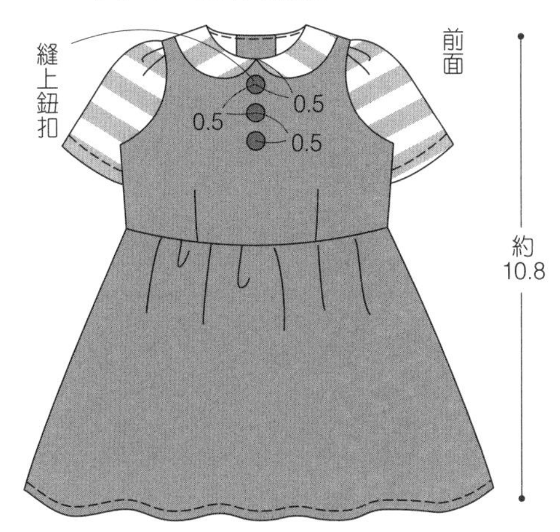

縫上鈕扣
前面
0.5
0.5
0.5
約10.8

後面

26頁 **46**

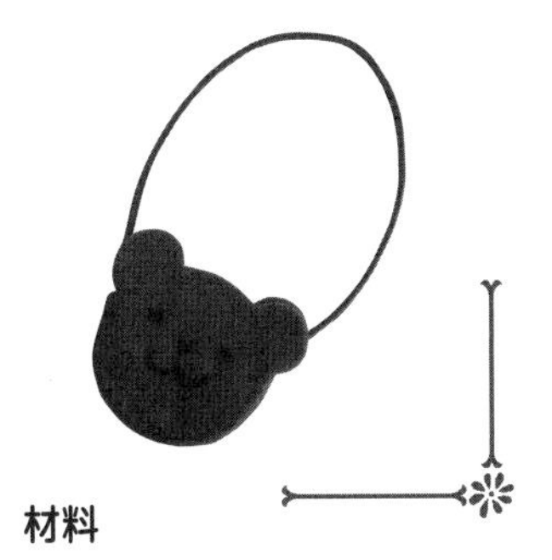

材料

- 不織布 10cm×10cm
- 帶子 0.2cm寬 20cm
- 25號刺繡線（黑・和不織布同色）

準備配件

本體（不織布・2片）

側面（不織布・1片）

★本體和側面的實物大紙型在80頁。

製作方法

※縫不織布時取一條刺繡線縫製。

刺繡
本體

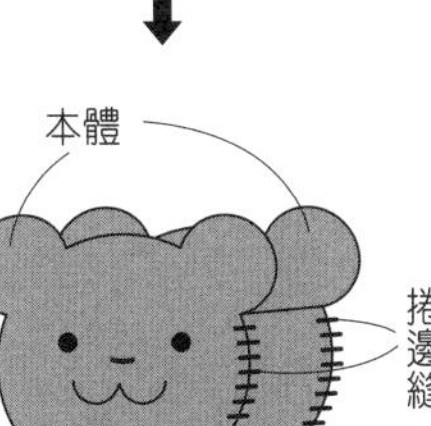

本體
捲邊縫
側面

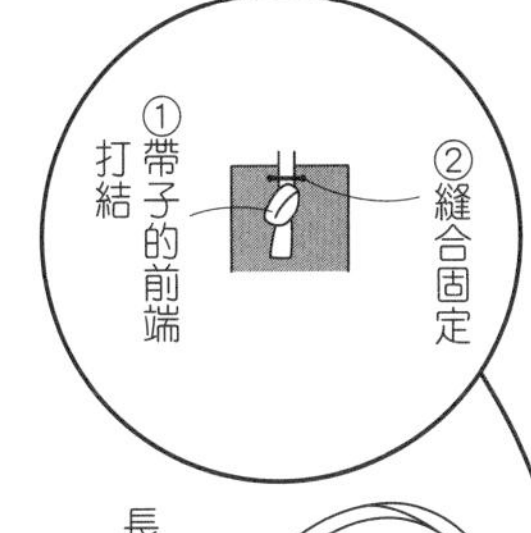

①帶子的前端打結
②縫合固定

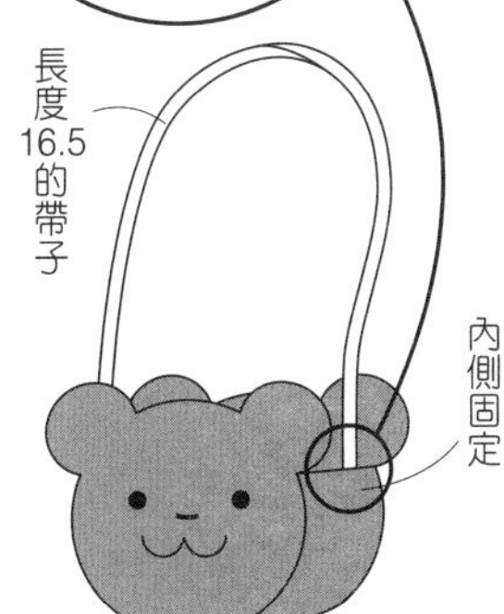

長度16.5的帶子
帶子縫在內側固定

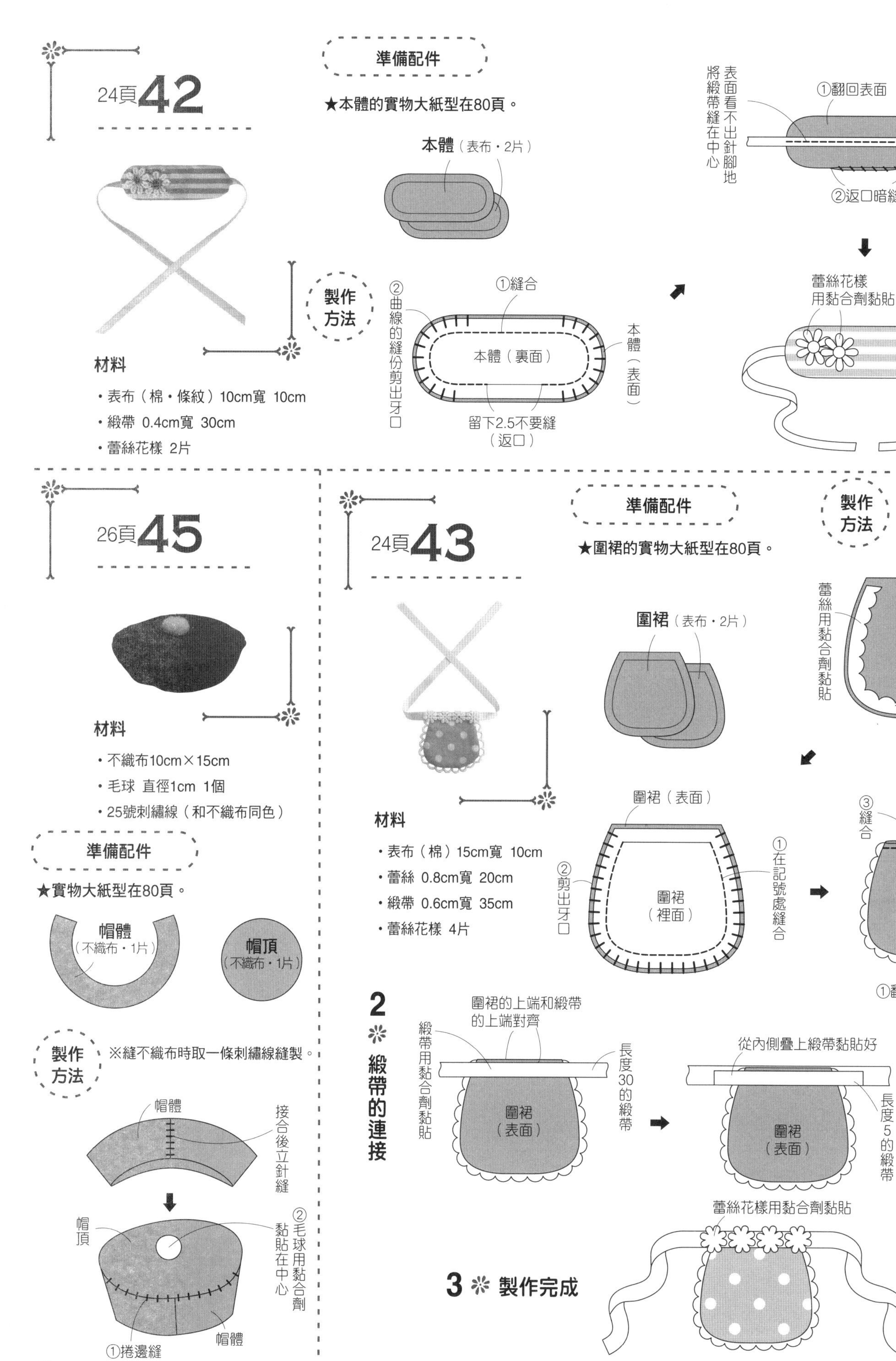
24頁42
準備配件
★本體的實物大紙型在80頁。
本體（表布・2片）
製作方法
②曲線的縫份剪出牙口
①縫合
本體（裏面）
本體（表面）
留下2.5不要縫（返口）
表面看不出針腳地將緞帶縫在中心
①翻回表面
本體（表面）
長度29的緞帶
②返口暗縫
蕾絲花樣用黏合劑黏貼
材料
・表布（棉・條紋）10cm寬 10cm
・緞帶 0.4cm寬 30cm
・蕾絲花樣 2片
26頁45
材料
・不織布10cm×15cm
・毛球 直徑1cm 1個
・25號刺繡線（和不織布同色）
準備配件
★實物大紙型在80頁。
帽體（不織布・1片）
帽頂（不織布・1片）
製作方法
※縫不織布時取一條刺繡線縫製。
帽體
接合後立針縫
帽頂
②毛球用黏合劑黏貼在中心
①捲邊縫
帽體
24頁43
準備配件
★圍裙的實物大紙型在80頁。
圍裙（表布・2片）
材料
・表布（棉）15cm寬 10cm
・蕾絲 0.8cm寬 20cm
・緞帶 0.6cm寬 35cm
・蕾絲花樣 4片
製作方法
1 圍裙的縫製
蕾絲用黏合劑黏貼
圍裙（表面）
黏合劑只塗在縫份的部分
0.3
完成線
圍裙（表面）
②剪出牙口
圍裙（裡面）
①在記號處縫合
③縫合
②縫份放入中間
0.2
圍裙（表面）
①翻回表面
2 緞帶的連接
緞帶用黏合劑黏貼
圍裙的上端和緞帶的上端對齊
長度30的緞帶
圍裙（表面）
從內側疊上緞帶黏貼好
長度5的緞帶
圍裙（表面）
3 製作完成
蕾絲花樣用黏合劑黏貼
約4.2

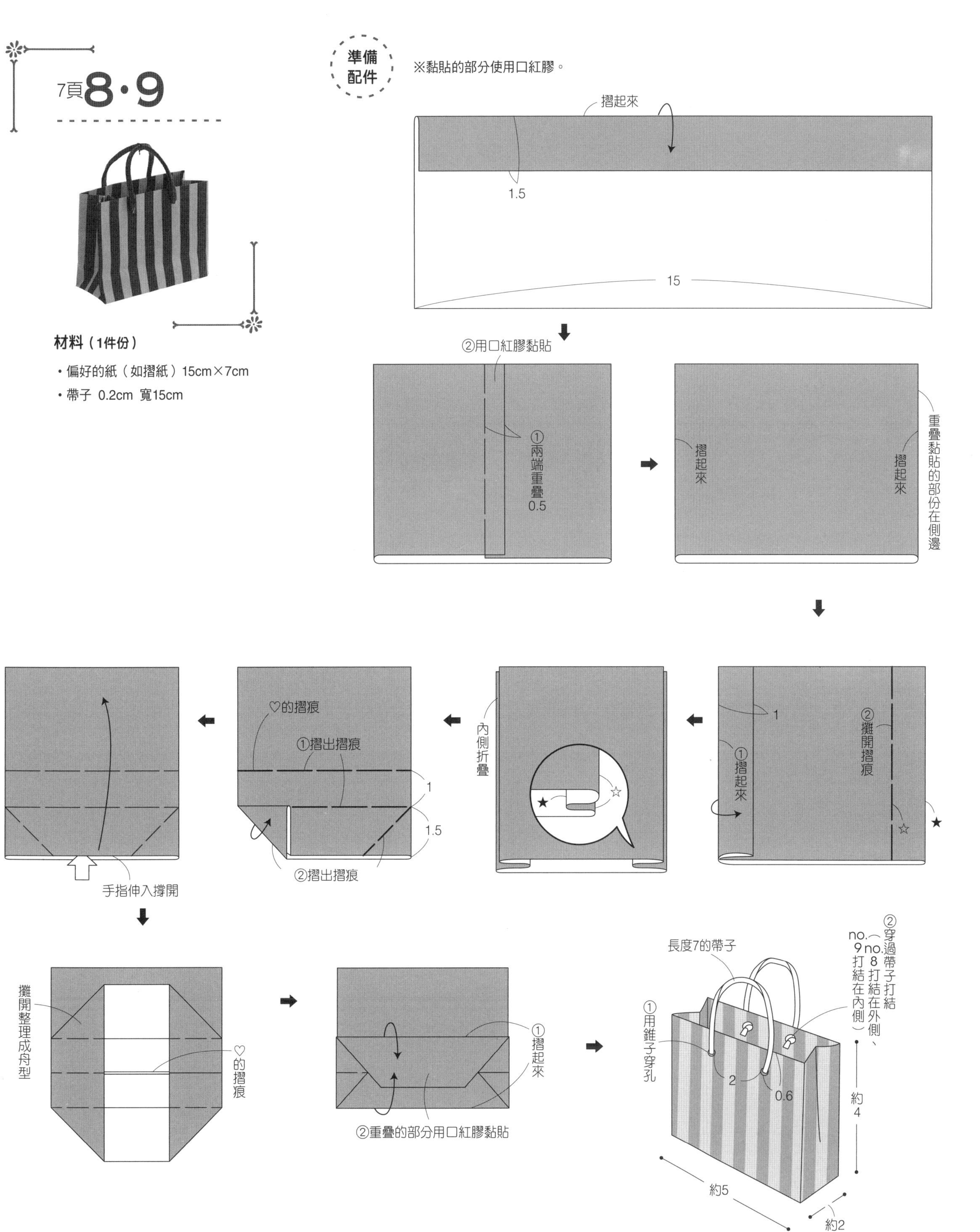

7頁8・9
材料（1件份）
・偏好的紙（如摺紙）15cm×7cm
・帶子 0.2cm 寬15cm
準備配件
※黏貼的部分使用口紅膠。
摺起來
1.5
15
②用口紅膠黏貼
①兩端重疊0.5
摺起來
摺起來
重疊黏貼的部份在側邊
1
①摺起來
②攤開摺痕
內側折疊
♡的摺痕
①摺出摺痕
1
1.5
②摺出摺痕
手指伸入撐開
攤開整理成舟型
♡的摺痕
①摺起來
②重疊的部分用口紅膠黏貼
長度7的帶子
①用錐子穿孔
②穿過帶子打結（no.8打結在外側、no.9打結在內側）
2
0.6
約4
約5
約2

31頁 **54**

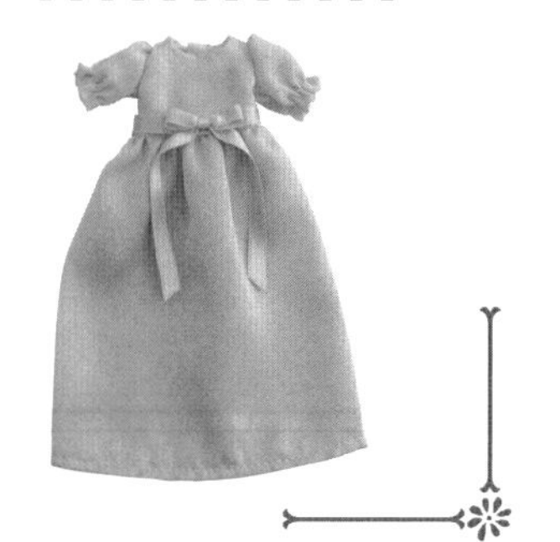

材料

- 表布（緞布）60cm寬 20cm
- 尼龍紗 10cm寬 10cm
- 按扣 直徑0.7cm 2組
- 緞帶A 0.7cm寬 40cm
- 緞帶B 0.3cm寬 5cm
- 鬆緊帶 0.3cm寬 10cm

※如果沒有尼龍紗時可用網紗替代。

準備配件

★貼邊用尼龍紗之外的實物大紙型在75頁。

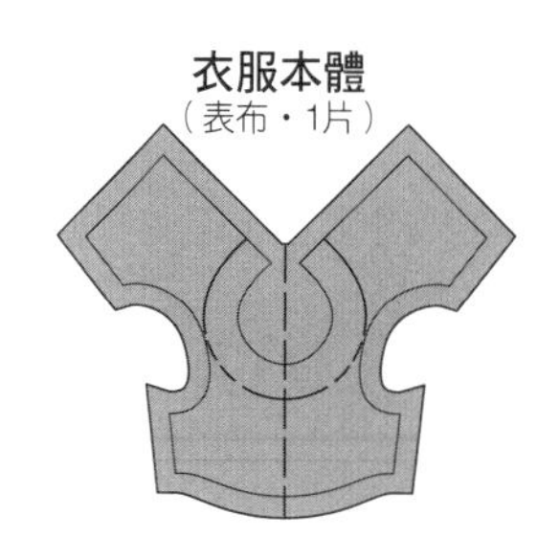

衣服本體
（表布・1片）

※貼邊用尼龍紗按照指定的尺寸做粗裁。

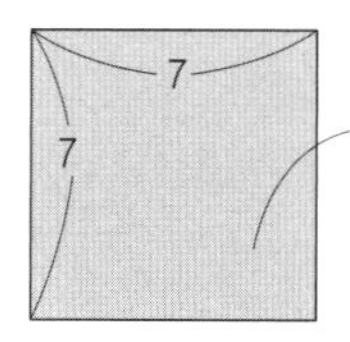

7
7
貼邊用尼龍紗
（尼龍紗・1片）

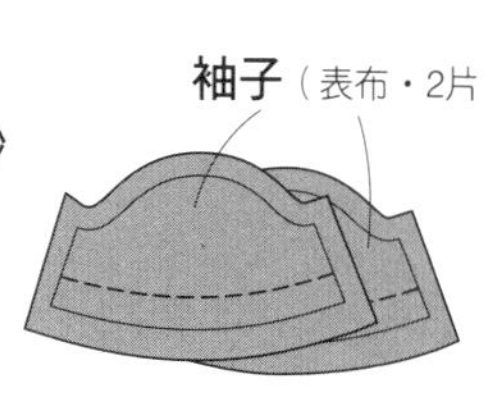

袖子（表布・2片）

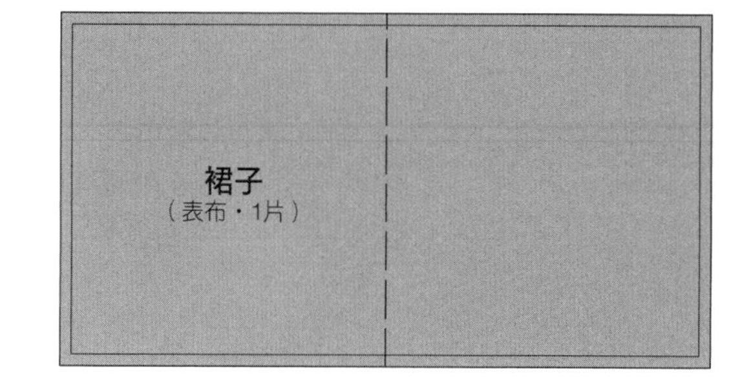

裙子
（表布・1片）

製作方法

※衣服本體、裙子、袖子的布邊用止綻液塗抹後再開始縫製。

1 衣服本體和貼邊的連接

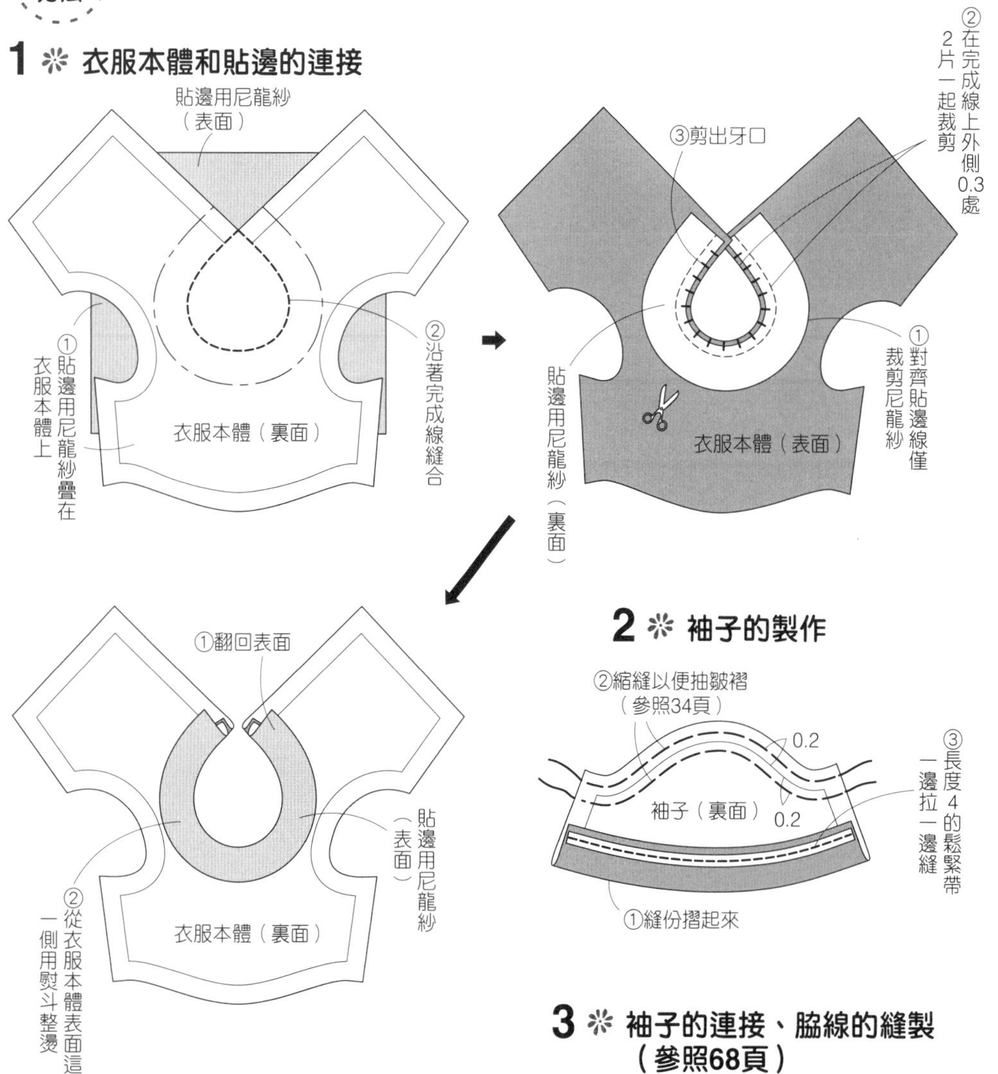

貼邊用尼龍紗（表面）
①貼邊用尼龍紗疊在衣服本體上
②沿著完成線縫合
衣服本體（裏面）
③剪出牙口
②在完成線上外側0.3處2片一起裁剪
①對齊貼邊線僅裁剪尼龍紗
貼邊用尼龍紗（裏面）
衣服本體（表面）
①翻回表面
貼邊用尼龍紗（表面）
②從衣服本體表面這一側用熨斗整燙
衣服本體（裏面）

2 袖子的製作

②縮縫以便抽皺褶（參照34頁）
0.2
0.2
袖子（裏面）
③長度4的鬆緊帶一邊拉一邊縫
①縫份摺起來

3 袖子的連接、脇線的縫製（參照68頁）

4 裙子的製作（參照36頁）

5 裙子和衣服本體的縫合（參照68頁）

6 後中心線的縫製（參照68頁）

7 開口部分縫合（參照68頁）

8 安裝按扣（參照68頁）

9 ❊ 蝴蝶結的製作

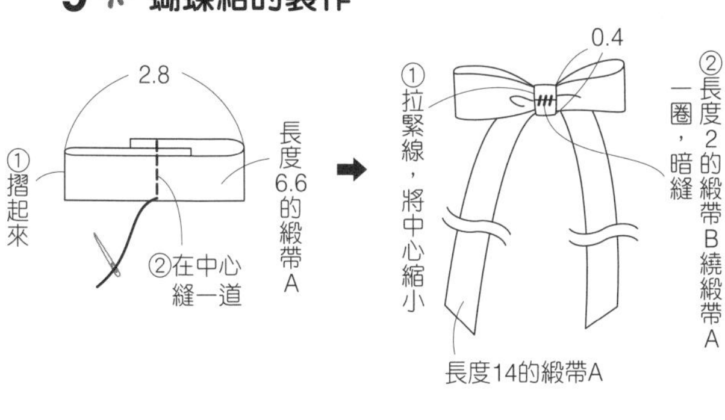

2.8
①摺起來
長度6.6的緞帶A
②在中心縫一道
①拉緊線，將中心縮小
0.4
②長度2的緞帶B繞緞帶A一圈，暗縫
長度14的緞帶A

10 ❊ 製作完成

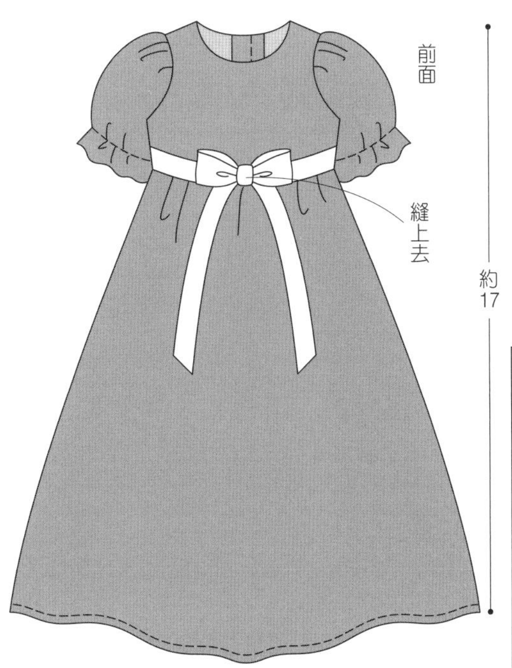

前面
縫上去
約17

後面
緞帶A繞一圈縫合固定

實物大紙型

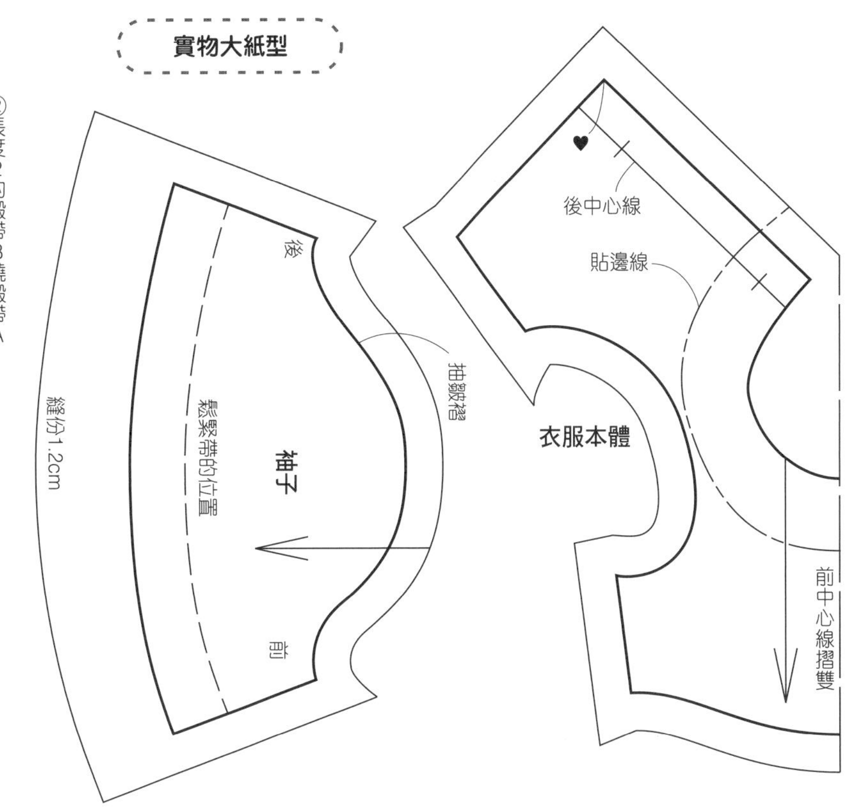

後中心線
貼邊線
後
抽皺褶
縫份1.2cm
鬆緊帶的位置
袖子
前
衣服本體
前中心線摺雙

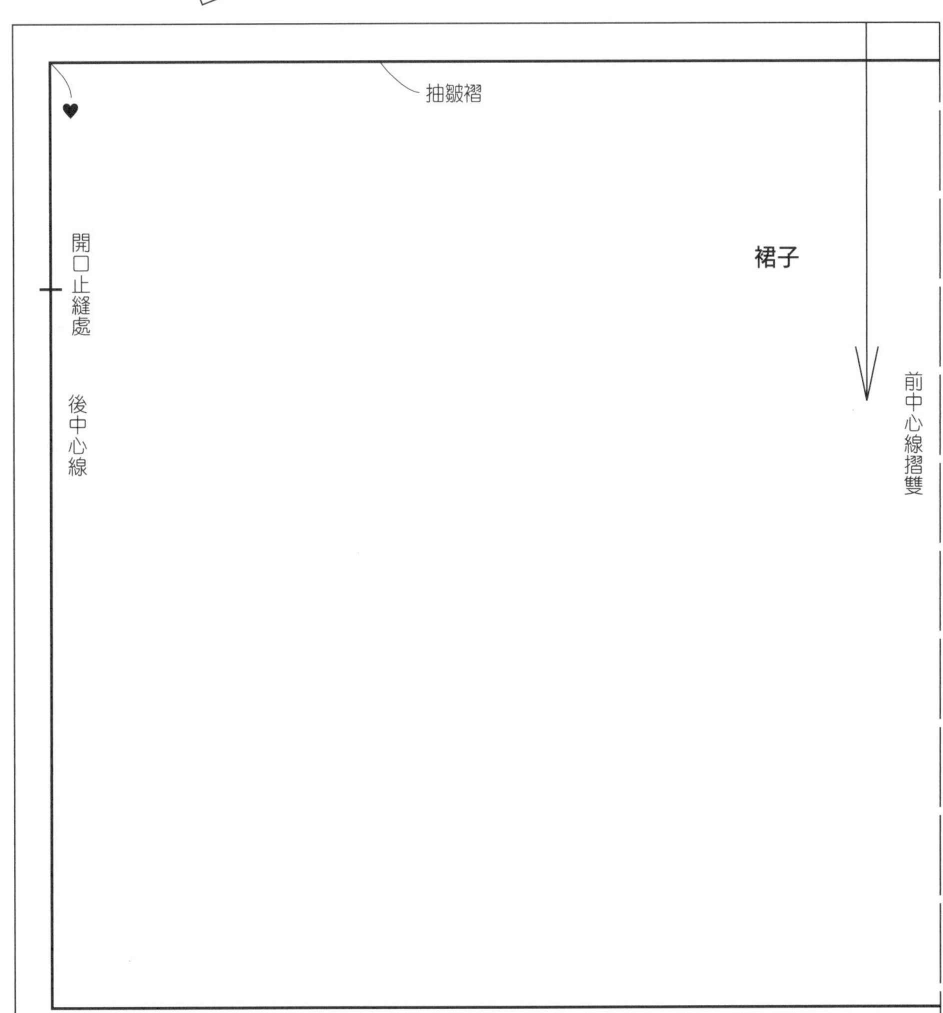

抽皺褶
開口止縫處
後中心線
裙子
前中心線摺雙

31頁52

準備配件

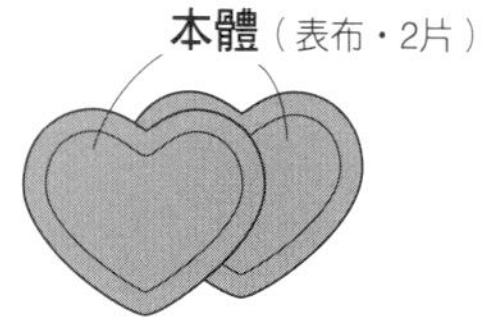
本體（表布・2片）

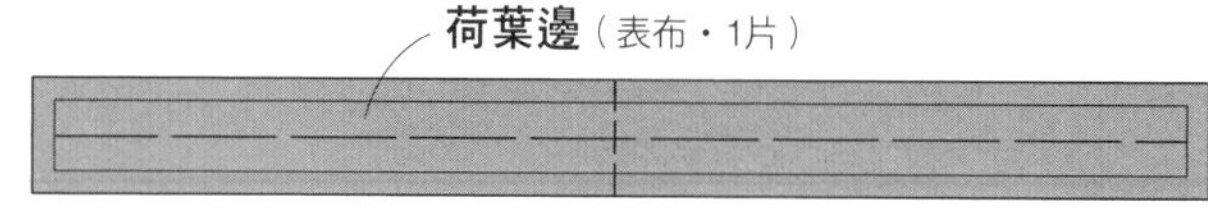
荷葉邊（表布・1片）

材料

- 表布（緞布）30cm寬 10cm
- 緞帶 0.4cm寬 20cm
- 手藝用棉花 適量

製作方法

1 荷葉邊的製作

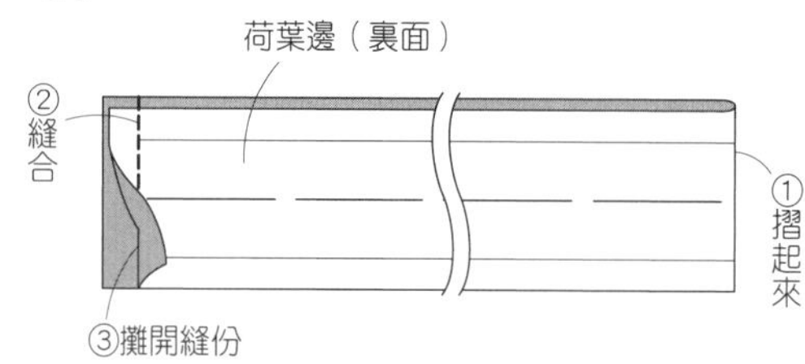
荷葉邊（裏面）
②縫合
①摺起來
③攤開縫份

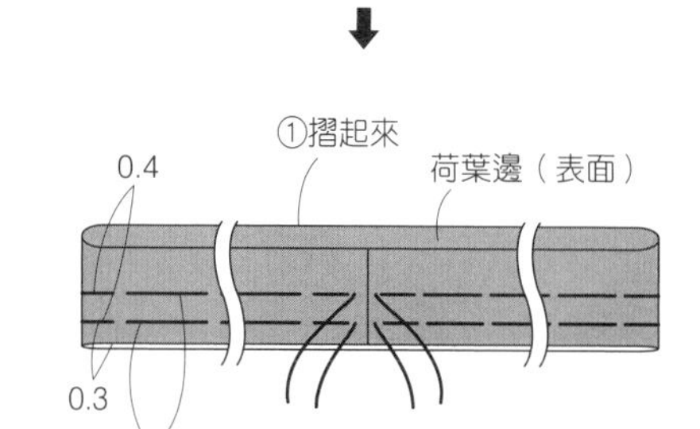
①摺起來
0.4
荷葉邊（表面）
0.3
②縮縫以便抽皺褶
（參照34頁）

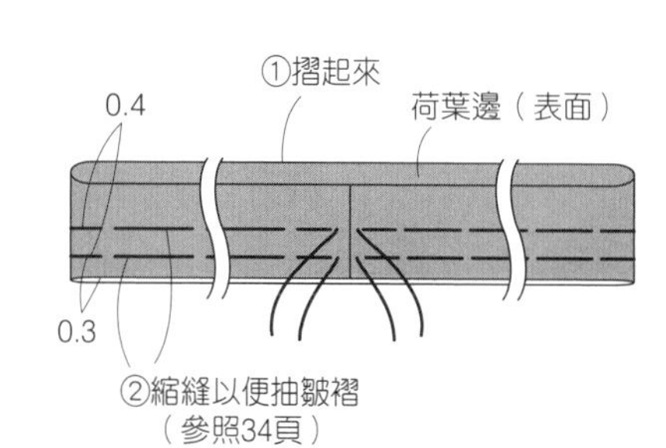

中心線摺雙
b
抽皺褶
山摺線
荷葉邊
a

2 本體的縫份摺起來

②用手縫縮縫
①剪出牙口
本體（裏面）
0.2

本體（表面）
加上和本體一樣形狀的厚紙
將線拉緊到符合厚紙的形狀，縫份摺起來

3 本體和荷葉邊的縫合

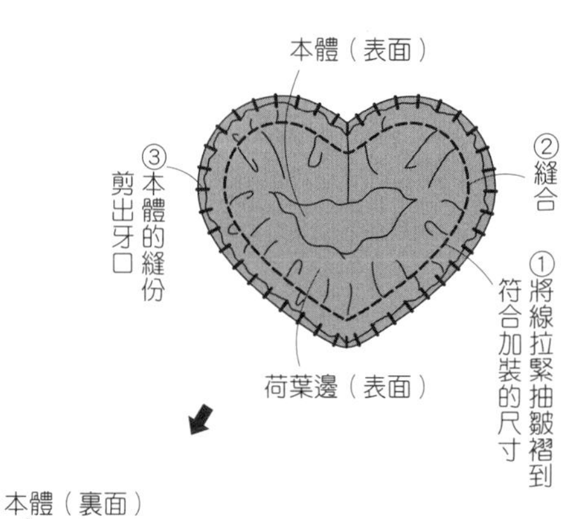
本體（表面）
③本體的縫份剪出牙口
②縫合
①將線拉緊抽皺褶到符合加裝的尺寸
荷葉邊（表面）

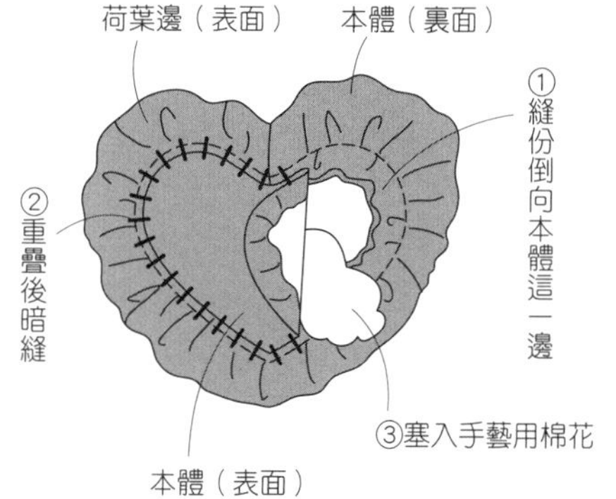
荷葉邊（表面）
本體（裏面）
①縫份倒向本體這一邊
②重疊後暗縫
③塞入手藝用棉花
本體（表面）

實物大紙型

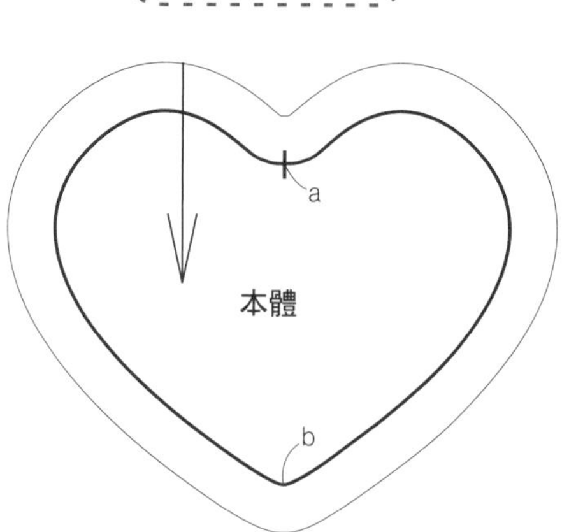
a
本體
b

4 製作完成

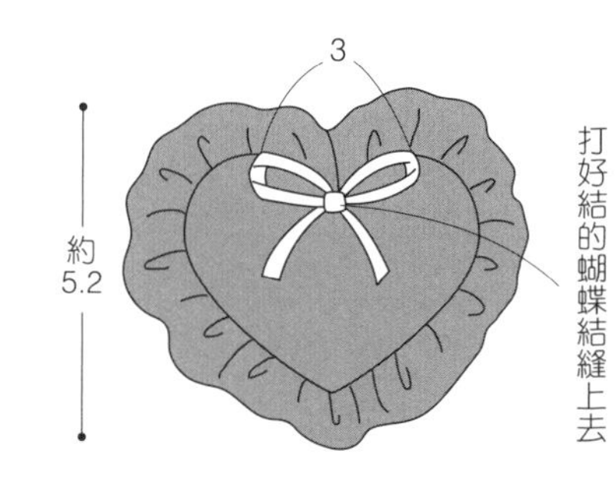
3
約5.2
打好結的蝴蝶結縫上去

31頁51

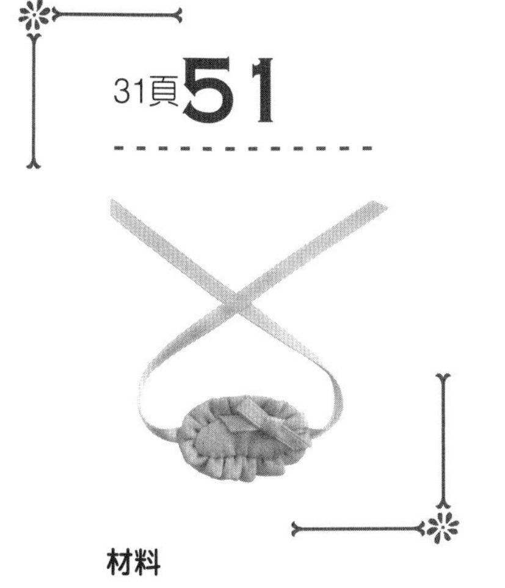

材料

- 表布（緞布）30cm寬 10cm
- 緞帶A 0.4cm寬 20cm
- 緞帶B 0.4cm寬 10cm

準備配件

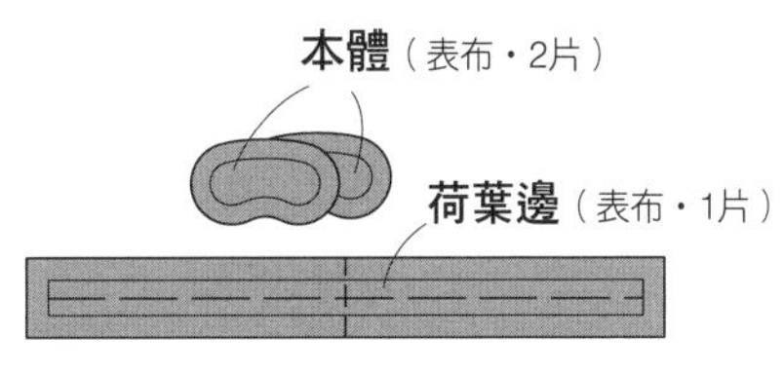

本體（表布・2片）
荷葉邊（表布・1片）

製作方法

※全部的布邊塗抹止綻液後再開始縫製。

1 ※ 荷葉邊的製作

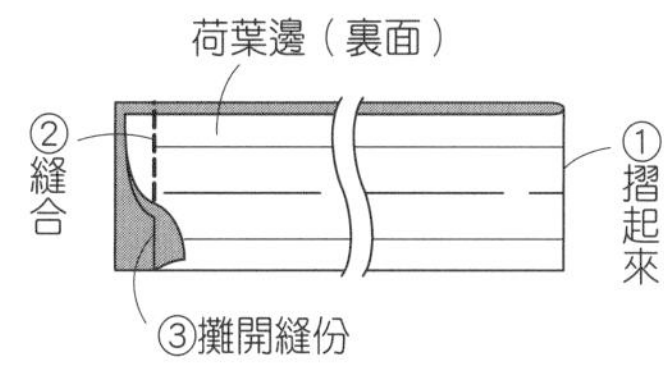

荷葉邊（裏面）
②縫合
①摺起來
③攤開縫份
①摺起來
②縮縫以便抽皺褶（參照34頁）
0.3
荷葉邊（表面）

2 ※ 本體的縫份摺起來

本體（裏面）
用手縫縮縫
0.3
加上和本體一樣形狀的厚紙
本體（表面）
將線拉緊到符合厚紙的形狀，縫份摺起來

※另一片同樣地製作。

3 ※ 本體和荷葉邊的縫合

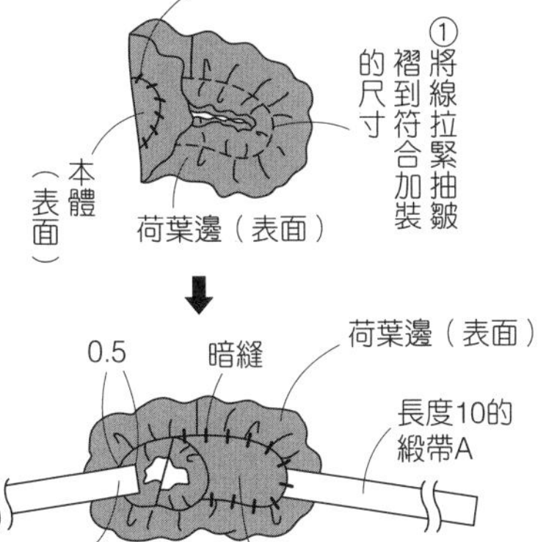

②荷葉邊和本體暗縫
①將線拉緊抽皺褶到符合加裝的尺寸
本體（表面）
荷葉邊（表面）
0.5
暗縫
荷葉邊（表面）
長度10的緞帶A
緞帶A剪開
本體（表面）

4 ※ 製作完成

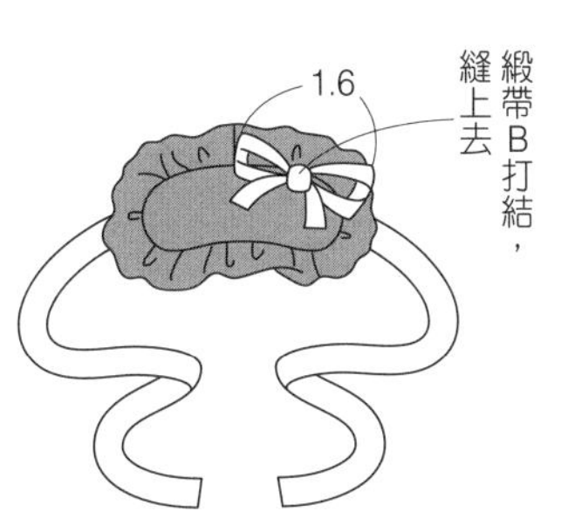

1.6
緞帶B打結，縫上去

實物大紙型

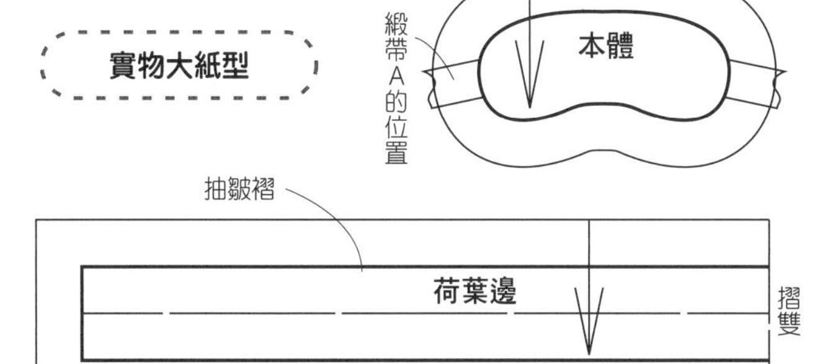

緞帶A的位置
本體
抽皺褶
荷葉邊
摺雙

31頁53

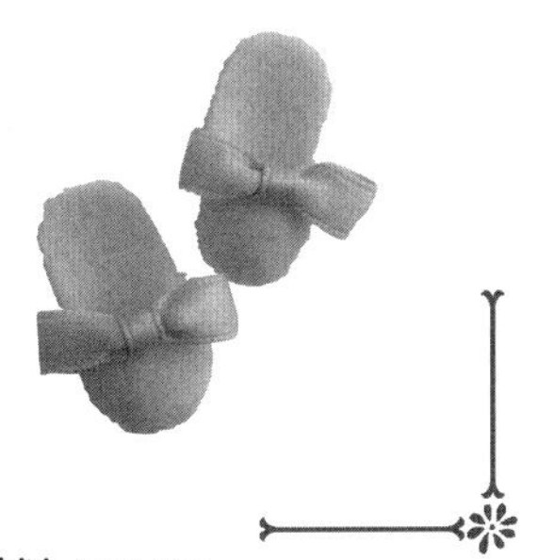

材料（1件份）

- 不織布5cm×5cm
- 緞帶A 0.6cm寬 10cm
- 緞帶B 0.4cm寬 5cm
- 25號刺繡線（和不織布同色）

實物大紙型

底（不織布・2片）

鞋面（不織布・2片）

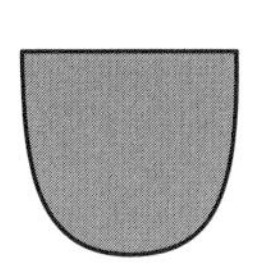

製作方法

※縫不織布時取一條刺繡線縫製。

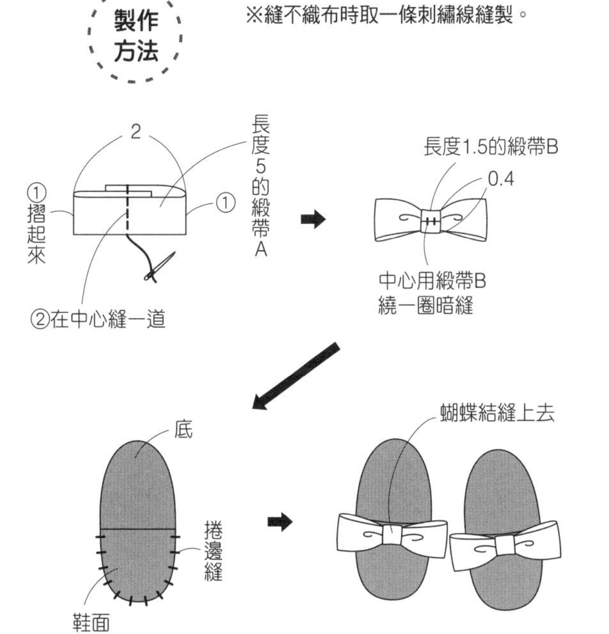

2
①摺起來
①
長度5的緞帶A
②在中心縫一道
長度1.5的緞帶B
0.4
中心用緞帶B繞一圈暗縫
底
捲邊縫
鞋面
蝴蝶結縫上去

17頁28

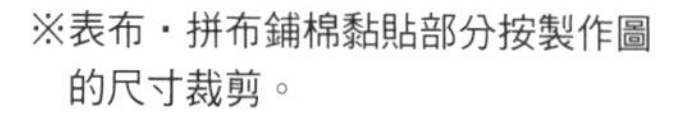
※表布・拼布鋪棉黏貼部分按製作圖
的尺寸裁剪。

準備配件 ★實物大紙型在80頁。

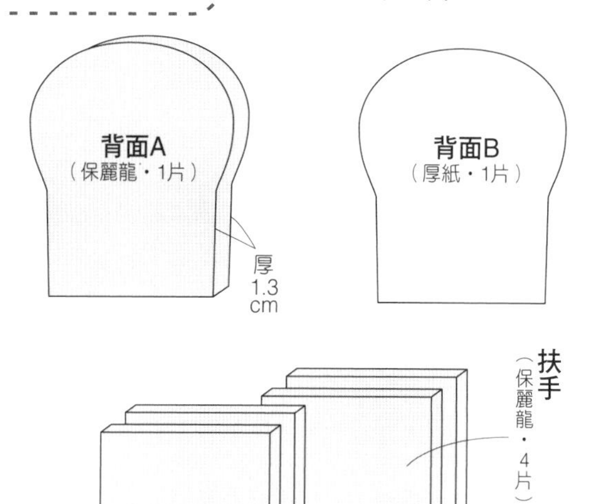
背面A
（保麗龍・1片）
厚
1.3
cm
背面B
（厚紙・1片）
扶手
（保麗龍・4片）

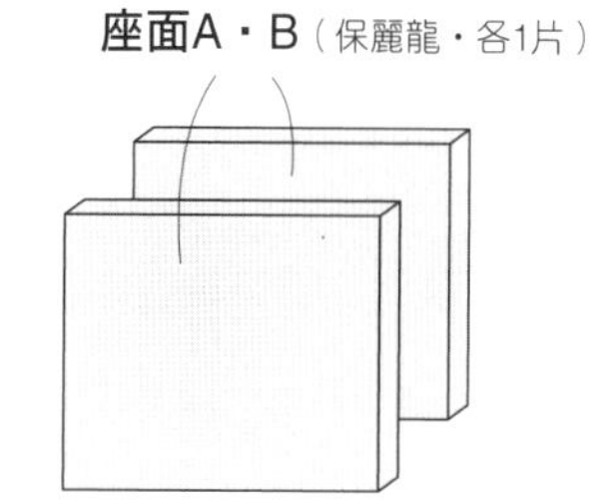
座面A・B（保麗龍・各1片）

材料

- 表布（棉）75cm寬 20cm
- 拼布鋪棉 30cm寬 15cm
- 保麗龍 厚1.3cm 20cm×25cm
- 厚紙 15cm×15cm

製作方法

1 ❊ 布黏貼在背面A

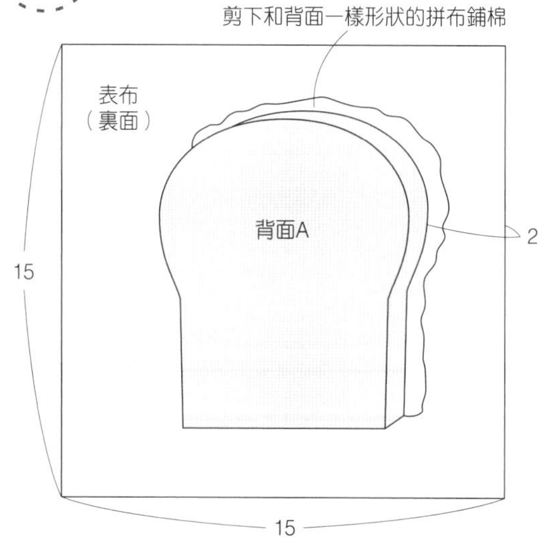
剪下和背面一樣形狀的拼布鋪棉
表布
（裏面）
背面A
2
15
15

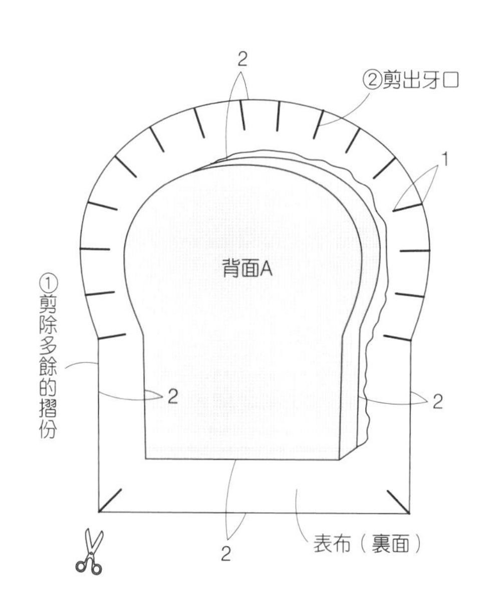
2
②剪出牙口
1
背面A
①剪除多餘的摺份
2
2
2
表布（裏面）

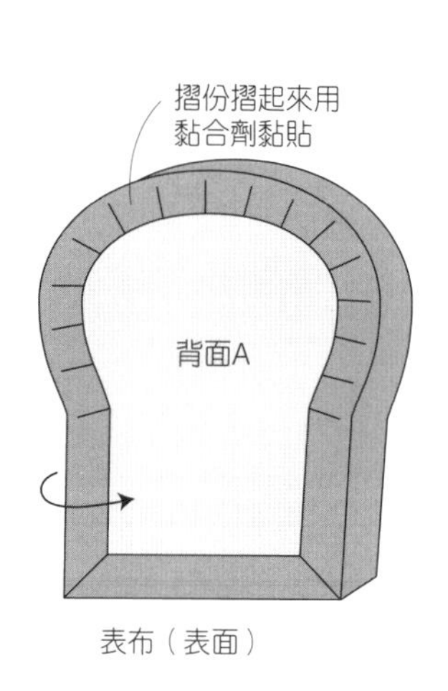
摺份摺起來用
黏合劑黏貼
背面A
表布（表面）

2 ❊ 布黏貼在背面B

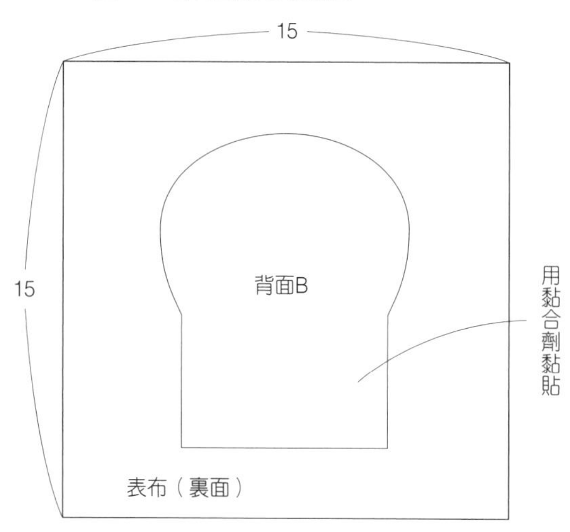
15
15
背面B
用黏合劑黏貼
表布（裏面）

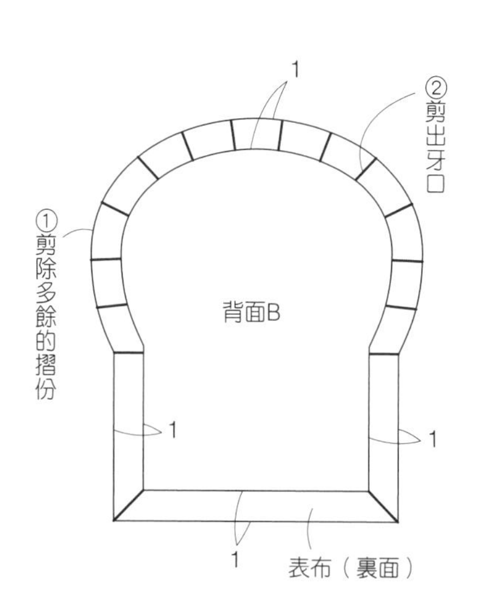
1
②剪出牙口
①剪除多餘的摺份
背面B
1
1
1
表布（裏面）

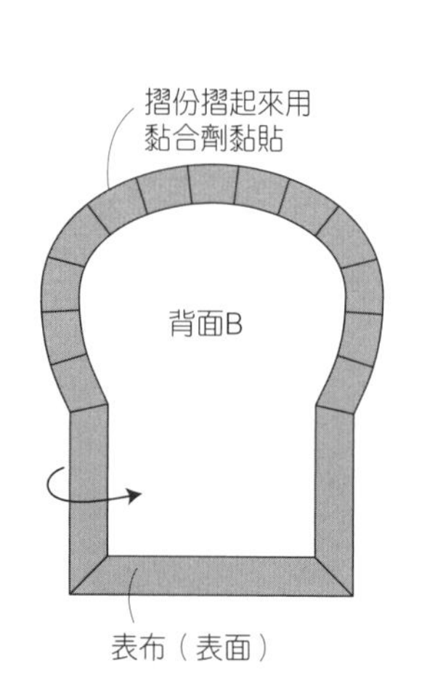
摺份摺起來用
黏合劑黏貼
背面B
表布（表面）

3 ※ 背面A・B的貼合

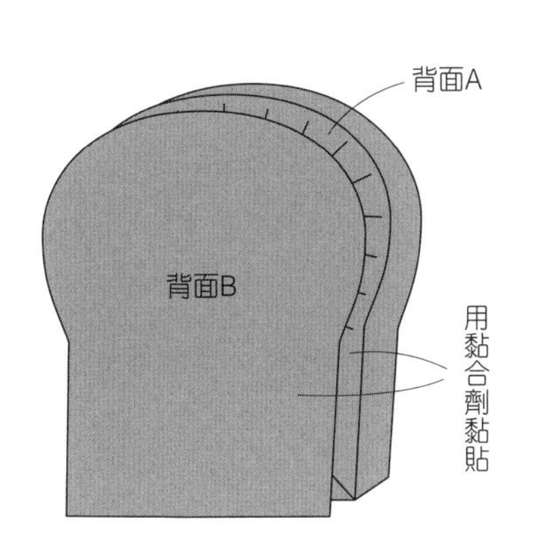
背面A
背面B
用黏合劑黏貼

4 ※ 座面A・B的製作

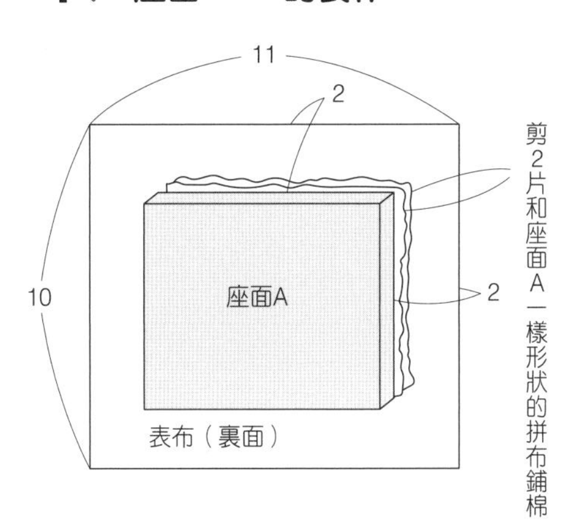
11
2
剪2片和座面A一樣形狀的拼布鋪棉
10
座面A
2
表布（裏面）

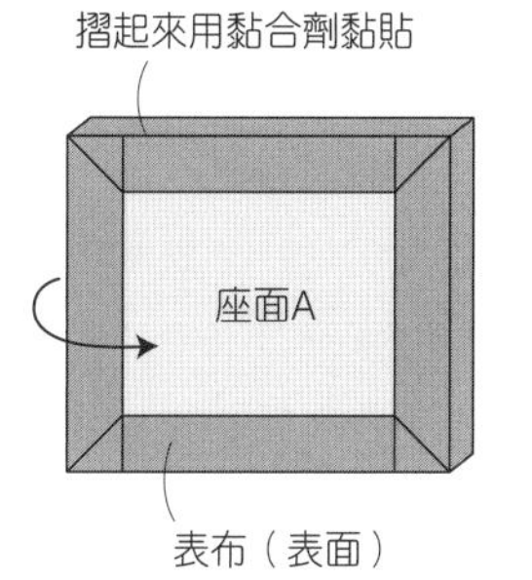
摺起來用黏合劑黏貼
座面A
表布（表面）

※座面B同樣地裁剪拼布鋪棉。

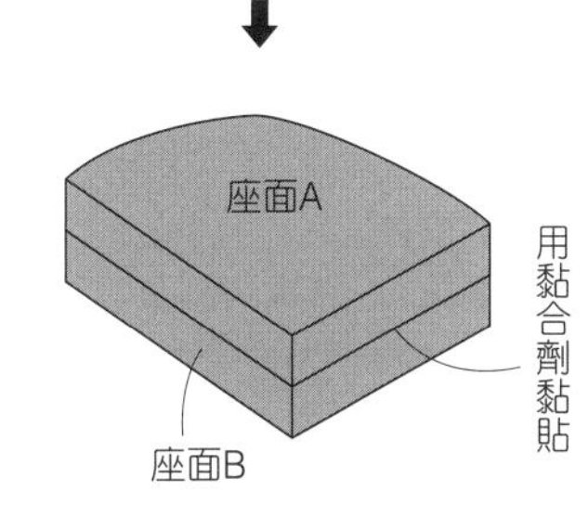
座面A
用黏合劑黏貼
座面B

5 ※ 扶手的製作

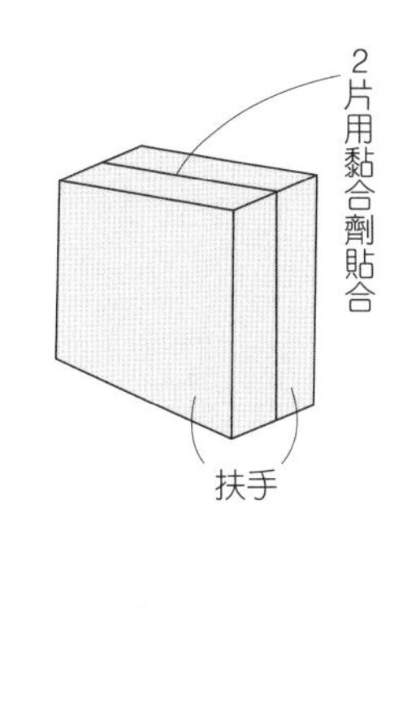
2片用黏合劑貼合
扶手

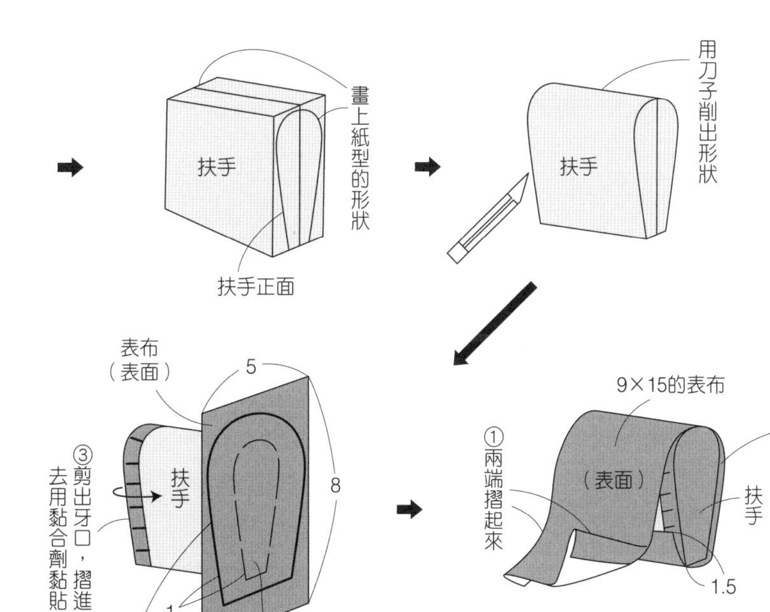
畫上紙型的形狀
扶手
扶手正面
用刀子削出形狀
扶手
表布（表面）
5
③剪出牙口，摺進去用黏合劑黏貼
扶手
8
1
①用黏合劑黏貼
②剪除多餘的摺份
9×15的表布
①兩端摺起來
（表面）
扶手
②用黏合劑黏貼
1.5

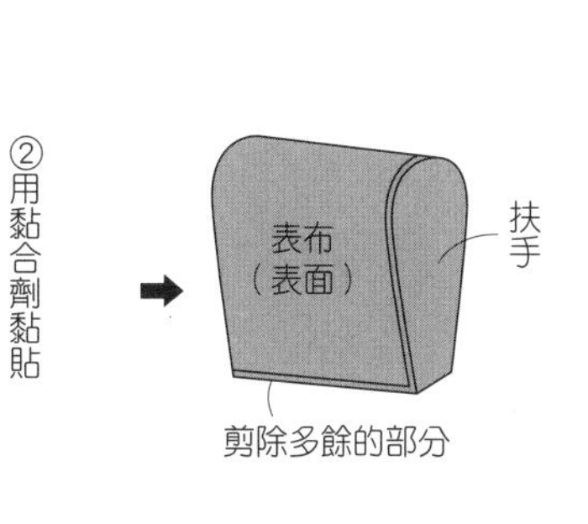
表布（表面）
扶手
剪除多餘的部分

6 ※ 組合、製作完成

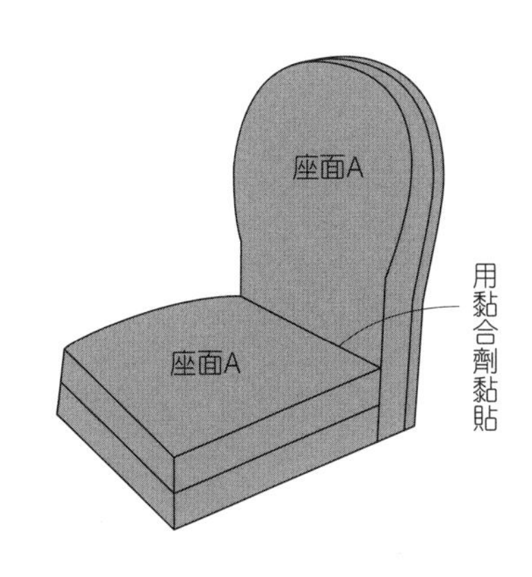
座面A
座面A
用黏合劑黏貼

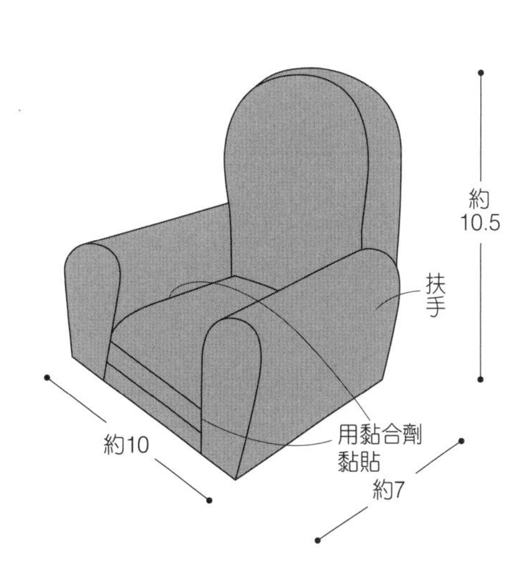
約10.5
扶手
約10
用黏合劑黏貼
約7

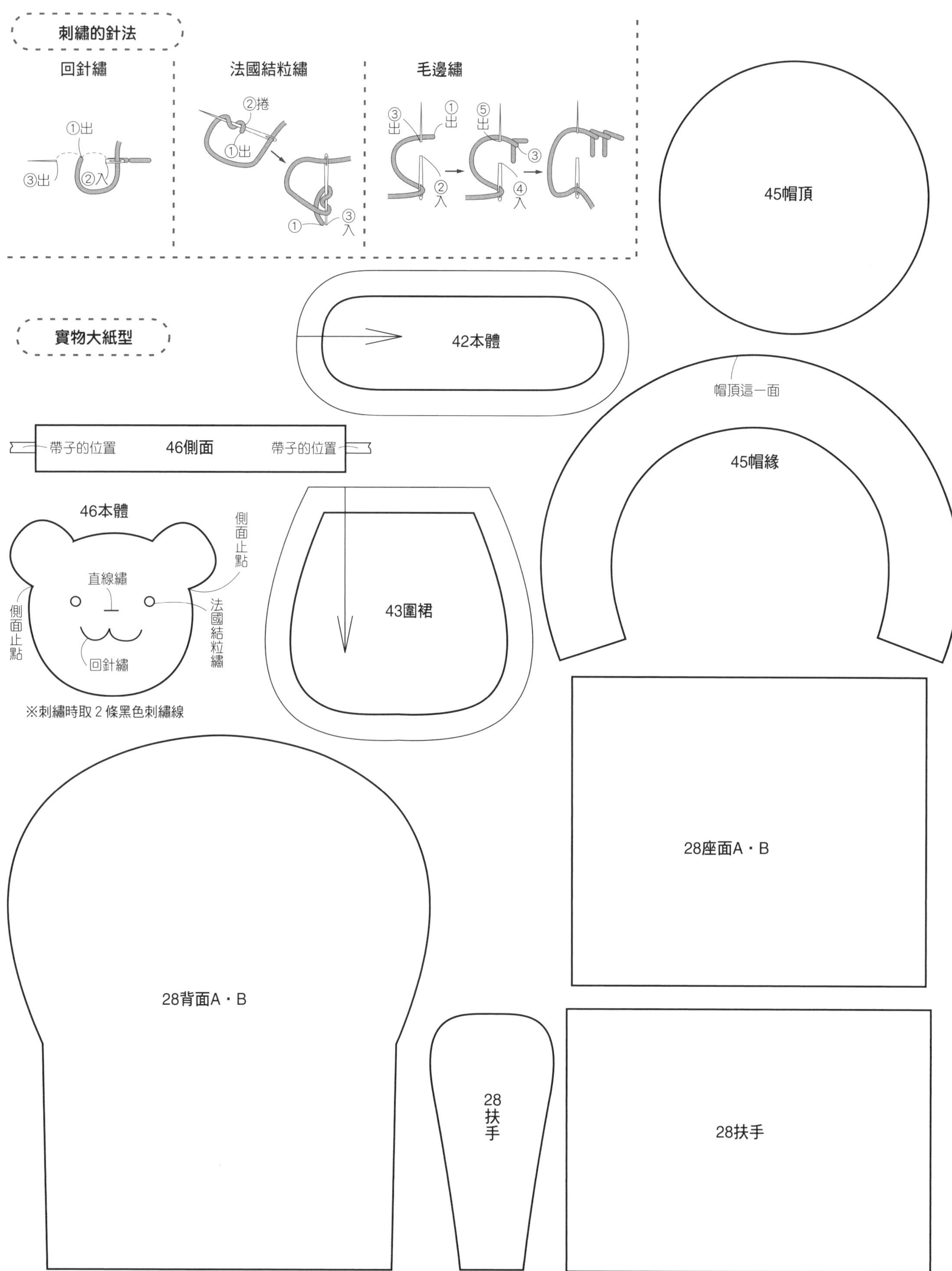
刺繡的針法
回針繡
①出
②入
③出
法國結粒繡
②捲
①出
①
③
入
毛邊繡
③出
①出
②入
⑤出
③
④入
實物大紙型
42本體
45帽頂
帽頂這一面
45帽緣
帶子的位置
46側面
帶子的位置
46本體
側面止點
直線繡
法國結粒繡
側面止點
回針繡
※刺繡時取2條黑色刺繡線
43圍裙
28座面A・B
28背面A・B
28扶手
28扶手

精選推薦

荒木佐和子の紙型教科書

荒木佐和子の紙型教科書　娃娃服の原型、袖子、衣領

ISBN / 9789866399596　作者 / 荒木佐和子　定價 / 350

從最初的款式設計開始思考，透過本書學習正確知識，製作出理想的型紙和漂亮衣裳。單元以「決定設計稿」、「製作原型」、「製作袖子」、「紙型的修飾完成」、「紙型的放大縮小」等詳細解說，卷末更附贈30種原尺寸大的「型紙原型」。

平裝．全彩．94頁．21 x 27.5 cm

荒木佐和子の紙型教科書2　娃娃服の裙子、褲子

ISBN / 9789866399657　作者 / 荒木佐和子　定價 / 350

以深入淺出的大量圖解，替各位說明裙子和褲子的紙型製作技巧，內容雖然專業，但並不複雜，還提供豐富範例、布料特色說明，還大方附贈30款娃娃的基本褲紙型。

平裝．全彩．94頁．21 x 27.5 cm

荒木佐和子の紙型教科書2

Y.J. Sarah
娃娃服裝裁縫工坊

Y.J.Sarah娃娃服裝裁縫工坊　想要跟著Y.J.Sarah做娃娃服裝和配件

ISBN / 9789579559126　作者 / 崔睿晋　定價 / 650

本書包含了許多專屬於「Y.J. Sarah」的色彩和獨家技巧，從人形娃娃到時尚娃娃、芭比、Neo Blythe小布娃娃以及韓國國產六分娃等。
由於書中收錄的服裝都是以少許的手縫和家用裁縫機製作而成的，因此只要會一點基礎裁縫，不管是誰都可以製作出來。書中附有各式各樣的紙型，可以應用於各種類型的服裝！

平裝．全彩．268頁．18.8 x 25 cm

Radio的娃娃服裝裁縫書

ISBN / 9789866399923　作者 / 崔智恩　定價 / 400

如何精細地使用刺繡、蕾絲及蝴蝶結，如何一絲不苟地處理袖口、縫份、鈕釦等，為了讓初次製作娃娃服裝的各位也能輕易理解，盡可能一步步地做說明。即使是做了一整套的服裝，與其只作為單品來穿，不如跟其他衣服混搭，運用能讓風格自由多變的單品進行搭配。

平裝．全彩．111頁．19 x 25.7 cm

Radio 的
娃娃服裝裁縫書

HANON

HANON 娃娃服飾縫紉書

ISBN / 9789866399602　作者 / 藤井里美　定價 / 350

形狀雖然簡單，但能製作出理想的外形輪廓為目標。即使是縫紉的初學者，也能夠嘗試挑戰本書的內容。可以添加更多的蕾絲，選擇摩登現代又精簡洗練的暗色調，也可搭配讓人愛不釋手的粉彩色調，將自己喜歡的元素添加其中配合季節變化，使用不同布料，好好地去享受不同的搭配樂趣吧！

平裝．全彩．94頁．19 x 25.7 cm

Dolly bird Taiwan vol.01　新世代人偶娃娃特輯

ISBN / 9789869712392　作者 / Hobby Japan　定價 / 450

新世代娃娃種類很多，有「黏土人偶」、「PICCO NEEMO BOY」、「LIL' FAIRY」、「HARMONIA BLOOM」、「宇宙兔」、「B.M.B CHERRY」、「CHUCHU DOLL」等。以他們的身高比例、身體特徵等進行詳細的解說，另外還有可愛娃娃們的服飾縫製技巧說明。

平裝．全彩．112頁．21 x 30 cm

Dollybird
VOL.01
New
Generation
Dolls
chuchu doll HINA

服裝打版師 善英的
娃娃服裝打版課

服裝打版師善英的娃娃服裝打版課

ISBN / 9789866399909　作者 / 俞善英　定價 / 650

從製作簡單且活用度高的基本 T 恤、裙子和褲子開始介紹，作為重點單品的西裝背心、綁帶軟帽、包包、襪子不用說也包含在內，一直到光是用看的就想擁有的夾克、雨衣、風衣都有，為了娃娃遊戲而推薦的最佳選擇！

平裝．全彩．256頁．19 x 26 cm

袖珍人偶娃娃造型服飾裁縫手冊　從基礎入門到應用修改

ISBN / 978989712385　作者 / 関口妙子　定價 / 450

將小巧的洋裝送給娃娃當禮物，並向她們提議說「一起開心地玩吧！」
首先從簡單的手縫開始，熟練後就試著挑戰機縫吧。縫上小領子，加上細緻的裝飾刺繡，也能做出很逼真的洋裝，看上去與大尺寸的洋裝沒兩樣。

平裝．全彩．128頁．19 x 26 cm

袖珍人偶娃娃
造型服飾裁縫手冊